高等职业教育精品课程"十二五"规划教材

工业计算机应用与维护

王云良　吴红亚　著

北京理工大学出版社

BEIJING INSTITUTE OF TECHNOLOGY PRESS

内容简介

本书针对工业计算机的企业应用案例，对工业计算机控制系统中所涉及的基础知识和应用技术做了较为全面和系统的论述，包括工业计算机控制系统的分析、信号控制的设计及使用C#、MCGS进行系统开发等内容。

本书遵循学生职业能力培养的基本规律，项目设计精心巧妙、涵盖的知识点系统性强。

本书既可作为高等职业院校、应用型本科、成人高校的教材，也可作为从事工业计算机应用等相关工作人员的参考用书。

图书在版编目（CIP）数据

工业计算机应用与维护 / 王云良，吴红亚著. —北京：北京理工大学出版社，2014.2
（2014.2 重印）

ISBN 978-7-5640-8817-0

Ⅰ.①工…　Ⅱ.①王…　②吴…　Ⅲ.①工业控制计算机-计算机应用-高等学校-教材　②工业控制计算机-计算机维护-高等学校-教材　Ⅳ.①TP273

中国版本图书馆CIP数据核字（2014）第017044号

出版发行 / 北京理工大学出版社有限责任公司
社　　址 / 北京市海淀区中关村南大街5号
邮　　编 / 100081
电　　话 /（010）68914775（总编室）
　　　　　82562903（教材售后服务热线）
　　　　　68948351（其他图书服务热线）
网　　址 / http://www.bitpress.com.cn
经　　销 / 全国各地新华书店
印　　刷 / 三河市天利华印刷装订有限公司
开　　本 / 787毫米 × 1092毫米　1/16
印　　张 / 12.5
字　　数 / 280千字
版　　次 / 2014年2月第1版　2014年2月第2次印刷
定　　价 / 29.00元

责任编辑 / 陈　竑
文案编辑 / 胡卫民
责任校对 / 周瑞红
责任印制 / 马振武

编委会成员

主　任：刘贤锋

副主任：顾卫杰

成　员：马长胜　王继水　王云良　王景胜　白文新　朱葛俊

　　　　朱小刚　朱　轩　毕汪虹　李桂秋　苏宝莉　陈功文

　　　　岳　峥　吴红亚　周汉清　钟全亮　洪晓虹　曹伟乾

　　　　霍振龙

前言

近年来，随着电子技术、计算机控制技术、信息技术及自动控制技术的飞速发展，工业计算机控制技术已广泛应用于工农业生产、交通运输及国防建设的各个领域，正在发挥着越来越重要的作用。建立工业计算机控制系统的概念，了解和初步掌握工业计算机控制系统的基本理论和基本设计方法，掌握计算机对模拟量、开关量、数字量及脉冲量的处理和控制方法，掌握工业计算机监测和维护方法，已成为当前工科高职高专类学生适应新形势、新技术发展的当务之急。本书正是为了迎合这一需求，在编者多年从事工业计算机控制技术教学和科研工作的基础上，将有关的教学和科研成果加以总结和提高，并吸收了近年来国内外本学科发展的先进理论、方法和技术编写而成。

本书以工科高职高专的教学理念为背景，对工业计算机控制系统中所涉及的基础知识和应用技术做了较为全面和系统的论述，包括工业计算机控制系统的分析、信号控制的设计及使用 C#、MCGS 实现工业计算机控制系统等内容。

本书立足于高职高专学生的工程应用需求，力求做到理论分析计算与工程应用紧密结合。在介绍工业计算机时注重软件与硬件的有机结合，以使读者牢固建立工业计算机控制系统的整体概念。为了便于读者自学和理解，本书列举了大量有关工业计算机开发的项目并力求做到突出重点、层次分明、通俗易懂。在编写过程中还注意理论与实际相结合，重视解决工程实际问题，其中包括了编者多年来从事工业计算机控制系统设计工作所得到的体会和经验。此外，根据工业计算机控制技术目前的最新情况，本书有重点地引入了一些新的概念和方法，更新了其他教材的一些陈旧内容。

全书共分五个项目。项目一介绍了工业计算机系统构建；项目二主要讲述了工业计算机开发平台搭建；项目三介绍了工业计算机基本的输入输出项目开发；项目四介绍了如何用 C# 和 MCGS 配合实训台开发项目；项目五介绍了工业计算机的故障诊断与维护。

本书在编写过程中得到了常州机电职业技术学院有关领导和教师的大力帮助和支持，在此表示诚挚的感谢！同时，恳请广大读者对教材提出宝贵意见和建议。

著　者

目录 *Contents*

项目一　工业计算机系统构建

任务一　认识工业计算机

学习目标

（1）了解工业计算机的外形与结构。
（2）了解工业计算机的应用领域。
（3）掌握工业计算机控制总线类型和特点。
（4）掌握工业计算机不同总线类型的区别。

工作任务

在本项目中，首先讲述了工业计算机外形与结构的特点，然后学习了工业计算机的控制总线类型。在任务中要求读者掌握工业计算机的总线类型，并能掌握不同总线类型的区别。同时在任务中简单地介绍了工业计算机的应用领域。

学习步骤

所谓工业计算机，简单地说，就是把计算机应用在工业中，也正是因为应用在了工业中，工业计算机和普通的计算机有了不同的特点，工业计算机是工业自动化设备和信息产业基础设备的核心。传统意义上，将用于工业生产过程的测量、控制和管理部分的计算机统称为工业计算机，包括计算机和过程输入、输出通道两部分。

步骤一：认识通用型工业计算机

1. 工业计算机概述

在最近的几十年中，计算机极大地改变了我们的生活。在工业中，计算机也得到了相应的应用，这就是工业计算机（Industrial Personal Computer，IPC）。

工业计算机的用途和普通计算机的用途不同，它主要用于工业控制、测试等方面。一个工业计算机的典型应用是通过标准的串行口（RS–232/RS–485 等串口）获得外部的数据，通过计算机内部的微处理器计算，最后通过显示屏或者串行口输出，这样，在工业计算机上，我们就实现了一个计算的过程。很明显，这和普通计算机的娱乐、办公和编程方面的应用是完全不同的。

工业计算机的软件系统和普通计算机的软件系统有所不同。工业计算机的软件系统比较单一，主要实现一个特定的功能，而且由于工业计算机通常采用速度不是非常快的处理器，所以程序的编写要求比较高。工业计算机通常采用仿真环境来开发程序，并采用脱机运行的方式，而普通计算机拥有大量的通用应用程序，处理器的速度非常快，软件的开发系统也完全在机器上，无须其他环境的支持。

2. 工业计算机的前景

工业计算机是工业自动化设备和信息产业基础设备的核心。传统意义上，将用于工业生产过程的测量、控制和管理部分的计算机统称为工业计算机，包括计算机和过程输入、输出通道两部分。但在今天，工业计算机的内涵已经远不止这些，其应用范围也已经远远超出工业过程控制。因此，工业计算机是"应用在国民经济发展和国防建设的各个领域、具有恶劣环境的适应能力、能长期稳定工作的加固计算机"，简称"工控机"。

回顾历史，中国工控机技术的发展经历了 20 世纪 80 年代的第一代 STD（State Transition Diagram）总线工控机，20 世纪 90 年代的第二代 IPC 工控机及现在的第三代 CompactPCI 总线工控机时期，而每个时期大约要持续 15 年的时间。STD 总线工控机解决了当时工控机的有无问题；IPC 工控机解决了低成本和 PC 兼容性问题；CompactPCI 总线工控机解决的是可靠性和可维护性问题。作为新一代工控机技术，CompactPCI 总线工控机将不可阻挡地占据生产过程的自动化层，IPC 工控机将逐渐由生产过程的自动化层向管理信息化层移动，而 STD 总线工控机必将退出历史舞台，这是技术发展的必然结果。

（1）第一代工控机技术开创了低成本工业自动化技术的先河。

第一代工控机技术起源于 20 世纪 80 年代初期，盛行于 20 世纪 80 年代末 90 年代初期，到 20 世纪 90 年代末期逐渐淡出工控机市场，其标志性产品是 STD 总线工控机。STD 总线最早是由美国 Pro-Log 公司和 Mostek 公司作为工业标准而制定的 8 位工业 I/O 总线，随后发展成 16 位总线，统称为 STD 80，后被国际标准化组织吸收，成为 IEEE 961 标准。

（2）第二代工控机技术造就了一个 PC-based 系统时代。

1981 年 8 月 12 日，IBM 公司正式推出了 IBM PC 机，随后 PC 机借助规模化的硬件资源、丰富的商业化软件资源和普及化的人才资源，于 20 世纪 80 年代末期开始进军工业控制机市场。

IPC 在中国的发展大致可以分为三个阶段：第一阶段是 20 世纪 80 年代末—20 世纪 90 年代初，这时市场上主要是国外品牌的昂贵产品。第二阶段是 1991—1996 年，我国台湾生产的价位适中的 IPC 工控机开始大量进入大陆市场，这在很大程度上加速了 IPC 工控机市场的发展，IPC 工控机的应用也从传统工业控制向数据通信、电信和电力等对可靠性要求较高的行业延伸。第三阶段是从 1997 年开始，大陆本土的 IPC 厂商开始进入该市场，促使 IPC 工控机的价格不断降低，也使工控机的应用水平和应用行业发生极大变化，应用范围不断扩大，IPC 也随之发展成了中国第二代主流工控机技术。目前，中国 IPC 工控机的大小品牌约有 15 个，主要有研华、凌华、研祥、深圳艾雷斯和华北工控等。

20 世纪 90 年代末期，ISA（Industry Standard Architecture）总线技术逐渐淘汰，PCI 总线技术开始在 IPC 中占主导地位，使 IPC 工控机得以继续发展。但 IPC 工控机的结构和金手指连接器的限制，使其难以从根本上解决散热和抗振动等恶劣环境的适应性问题，IPC 开始逐渐从高可靠性应用的工业过程控制、电力自动化系统以及电信等领域退出，向管理信息化领域转移，取而代之的是以 CompactPCI 总线工控机为核心的第三代工控机技术。值得一提的是，IPC 工控机开创了一个崭新的 PC-based 时代，对工业自动化和信息化技术的发展产生了深远的影响。

（3）迅速发展和普及的第三代工控机技术。

PCI 总线技术的发展、市场的需求以及 IPC 工控机的局限性，促进了新技术的诞生，CompactPCI 相对于以往的 STD 和 IPC，具有开放性、良好的散热性、高稳定性、高可靠性及可热插拔等特点，非常适合于工业现场和信息产业基础设备的应用，被众多业内人士认为是继 STD 和 IPC 之后的第三代工控机的技术标准。采用模块化的 CompactPCI 总线工控机技术开发产品，可以缩短开发时间、降低设计费用、降低维护费用以及提升系统的整体性能。

2001 年，PICMG 2.16 将以太网包交换背板总线引入到 CompactPCI 总线标准中，为电信语音增值服务设备和基于以太网的工业自动化系统提供了新的技术平台。2002 年，PICMG 颁布了面向电信的新标准 AdvancedTCA，简称 ATCA。ATCA 比 PICMG 2.16 有更大的规格和容量、更高的背板带宽、对板卡更严格的管理和控制能力、更高的供电能力以及更强的制冷能力等。

21 世纪的头 20 年是新一代工控机技术蓬勃发展的 20 年。以 CompactPCI 总线工控机为代表的第三代工控机技术将在这段时间得到迅速普及和广泛应用，并在中国信息化进程中发挥重要作用。

（4）新一代工控机的产业化及应用前景。

从 1998 年到今天，CompactPCI 总线工控机在国内发展迅速，并得到了一定程度的应用，但远没有达到理想的程度。需要在科技部和国家有关部委相关政策的引导下，在中国计算机行业协会 PICMG/PRC 的统一组织下，联合国内外从事 CompactPCI 总线工控机技术研制和生产的企业、大专院校、科研院所以及用户，进一步加大国产化 CompactPCI 总线工控机的研制和推广力度，扩大生产规模，增加产品种类和数量，降低产品价格，提高产品的互操作性，实现产业化，培养更多的人才，为 CompactPCI 总线工控机的发展创造更有利的条件。

3. 工业计算机的特点、结构及类型

事物都有两面性，工业计算机还是和普通计算机有很多相似的特点。比如，它们虽然使用的 CPU 不同，但是这些 CPU 还是相同的产品系列，具有相同的内部结构；两种计算机的总线结构基本相同，不少工业计算机是通用计算机的简化版本；并且不少工业计算机拥有和普通计算机相同或者相兼容的接口。

现在，工业计算机已经成为工业应用中不可缺少的器件之一，它有计算机的特点，也有工业设备的实用性，将会在未来的自动化进程中起到不可替代的作用。

（1）工业计算机的特点。

工业计算机通俗地说就是专门为工业现场而设计的计算机，而工业现场一般具有强烈震动、灰尘特别多以及很高的电磁场力干扰等特点，而且一般工厂均是连续作业，即一年中没有休息。因此，工业计算机与普通计算机相比必须具有以下特点：

①采用符合"EIA"（Electronic Industries Association，美国电子工业协会）标准的全钢化工业机箱，增强了抗电磁干扰能力。

②采用总线结构和模块化设计技术。CPU 及各功能模块皆使用插板式结构，并带有压杆软锁定，提高了抗冲击、抗振动能力。

③机箱内装有双风扇，正压对流排风，并装有滤尘网用以防尘。

④配有高度可靠的工业电源，并有过压、过流保护。

⑤电源及键盘均带有电子锁开关，可防止非法开、关和非法键盘输入。

⑥具有自诊断功能。

⑦可视需要选配 I/O 模板。

⑧设有"看门狗"定时器，在故障死机时，无须人的干预而自动复位。

⑨开放性好，兼容性好，吸收了 PC 机的全部功能，可直接运行 PC 机的各种应用软件。

⑩可配置实时操作系统，便于多任务的调度和运行。

⑪可采用无源母板（底板），方便系统升级。

⑫机箱内有专用底板，底板上有 PCI 和 ISA 插槽。

⑬具有连续长时间工作的能力。

⑭一般采用便于安装的标准机箱（4U 标准机箱较为常见）。

（2）工业计算机的主要结构。

1）全钢机箱。

IPC 的全钢机箱是按标准设计的，可以抗冲击、抗振动以及抗电磁干扰，内部可安装同 PC-bus 兼容的无源底板，如图 1-1 所示。

图 1-1　全钢机箱

2）无源底板。

无源底板的插槽由 ISA 和 PCI 总线的多个插槽组成，ISA 或 PCI 插槽的数量和位置根据需要有一定选择，该板为四层结构，中间两层分别为地层和电源层，这种结构方式可以减弱板上逻辑信号的相互干扰和降低电源阻抗。底板可插接各种板卡，包括 CPU 卡、显示卡、控制卡以及 I/O 卡等，如图 1-2 所示。

图 1-2　无源底板

3）工业电源。

工业电源为 AT 开关电源，平均无故障运行时间达到 250 000 小时。

4）CPU 卡。

IPC 的 CPU 卡有多种，根据尺寸可分为长卡和半长卡，根据处理器可分为 386、486、586、PII 和 PIII 主板，用户可视自己的需要任意选配。其主要特点是：工作温度为 0℃ ~ 60℃；装有"看门狗"计时器；低功耗，最大为 5V/2.5A，如图 1-3 所示。

图 1-3　CPU 卡

5）其他配件。

IPC 的其他配件基本上都与 PC 机兼容，主要有内存、显卡、硬盘、软驱、键盘、鼠标、光驱和显示器等。

（3）工业计算机的类型。

1）台式 IPC（见图 1-4）。

图 1-4　台式 IPC

2）盘装式 IPC（见图 1-5）。

图 1-5　盘装式 IPC

3）IPC 工作站（见图 1-6）。

图 1-6　IPC 工作站

4）嵌入式 IPC（见图 1-7 和图 1-8）。

图 1-7　嵌入式 IPC（一）

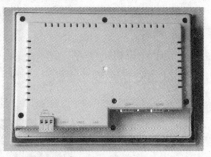

图 1-8　嵌入式 IPC（二）

5）平板式 IPC（见图 1-9 和图 1-10）。

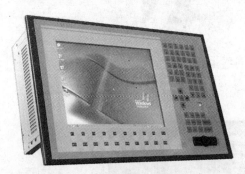

图 1-9　平板式 IPC（一）

图 1-10　平板式 IPC（二）

4. 工业计算机控制总线类型和特点

工业计算机总线可以分为芯片总线（局部总线）、系统总线（板总线）和外总线（通信总线）。微处理器内部的总线，即局部总线。系统总线是用来连接各种插件板，以扩展系统功能的总线。在大多数工控机中，显示适配器、声卡和网卡等都是以插件板的形式插入系统总线扩展槽的。外总线是用来连接外部设备的总线，如 SCSI、IDE 和 USB 等。

（1）IBM PC 总线。

IBM PC 总线是在 IBM PC/XT 个人计算机上使用的总线，它是针对 Intel 8088CPU

设计的，有 62 条信号线，以适应 8088 的 8 位数据线和 20 条地址线的要求。这种总线是用户在 IBM PC/XT 机器的主板上扩展 I/O 板的 I/O 总线。在 IBM PC/XT 微型计算机中有 8 个 62 线的扩展槽，这 8 个扩展槽是扩充系统的通道，扩展槽上可以插入不同功能的插件板，如内存扩展板、显示适配器、磁盘控制器、打印适配器、串行口适配器和网络适配器等。

（2）ISA 总线。

ISA 又称为工业标准体系结构，是在 80286 为 CPU 的 IBM PC/AT 中使用的总线，因此又称为 AT 总线。ISA 总线具有 16 位的数据宽度，工作频率为 8MHz，最大数据传输速率为 8MB/s。ISA 总线虽然性能并不是很高，但由于得到计算机厂商及大量板卡生产厂商的支持以及兼容性需求，在现在的高档微机中，仍然保留少量的 ISA 插槽。

（3）EISA 总线。

Intel 80486CPU 推出以后，为了充分发挥 486CPU 的速度优势，迫切需要一种速度更快的总线。IBM 公司研制的微总线（MCA）是当时速度最快、数据宽度为 32 位的总线，但它与 ISA 总线不兼容，加上 IBM 公司对微总线技术的封锁，迫使以 Compaq 公司为代表的 9 家公司联合，推出了一个新的总线标准——EISA（Extended Industrial Standard Architecture）总线，即扩展工业标准体系结构。EISA 总线也是一种数据宽度为 32 位的总线，但它与 ISA 总线兼容，即 ISA 卡可以直接插入 EISA 插槽。EISA 总线具有较高的输入输出能力，数据传输速率为 33MB/s。EISA 卡的安装较容易，具有自动配置功能，不需要 DIP 开关。它支持多个总线控制部件，增加了 DMA（Direct Memory Access）功能，增加了"瘁发"方式传送，支持多 CPU。因此，EISA 总线广泛用于微型计算机服务器中。

（4）PCI 总线。

PCI（Peripheral Component Interconnect）总线是一种高性能的局部总线，构成了 CPU 与外围设备之间的高速通道。它支持多个外围设备，与 CPU 时钟无关，并用严格的规定来保证高度可靠性和兼容性，其主要特点是：

①高性能。PCI 总线的频率为 33MHz，与 CPU 的时钟频率无关。总线宽度为 32 位，可扩展到 64 位，传输速率可达 132 ~ 264MB/s。

②兼容性好。PCI 总线与 ISA、EISA 及 MCA 总线兼容，同时还兼容另一种局部总线 VL。

③高效益。PCI 总线的设计目的之一就是降低系统的总体成本，使用户得到实惠。在 PCI 的设计中，将大量系统功能，如存储器、高速缓冲器及其控制器高度集成在 PCI 芯片内，以节省各部件互连所需的逻辑电路，减小线路板尺寸，降低成本。

④与处理器 CPU 无关。PCI 总线使用一种独特的中间缓冲器，把处理器子系统与外部设备分开，从而使 PCI 总线本身与处理器无关。这种与处理器无关的特性，使它具有无与伦比的兼容性，给计算机厂商和用户都带来实惠。

⑤预留发展空间。从一开始,PCI 总线就是作为一种长期的总线标准来制定的，如将 3.3V 的工作电压引入到规范中，以适应绿色计算机的节能要求；虽然只是 32 位的总线，但允许扩展到 64 位。

国际电工协会（IEC）的 SP50 委员会对现场总线有以下三点要求：同一数据链路上过程

控制单元（PCU）、PLC 等与数字 I/O 设备互连；现场总线控制器可对总线上的多个操作站、传感器及执行机构等进行数据存取；通信媒体安装费用较低。

现场总线控制系统主要包括一些实际应用的设备，如 PLC、扫描器、电源、输入输出站和终端电阻等。其他系统也可以包括变频器、智能仪表和人机界面等。系统中的主控器（Host）可以是 PLC 或 PC，通过总线接口对整个系统进行管理和控制。其总线接口，有时可以称为扫描器，可以是分别的卡件，也可以集成于 PLC 中。总线接口作为网络管理器和作为主控器到总线的网关，管理来自总线节点的信息报告，并且转换为主控器能够读懂的某种数据格式传送到主控器。总线接口的缺省地址通常设为"0"。电源是网络上每个节点传输和接收信息所必需的设备。通常输入通道与内部芯片所用电源为同一个电源，习惯称为总线电源，而输出通道使用的独立电源，称为辅助电源。

5. 工业计算机的主要厂商和适用领域

（1）工业计算机的主要厂商：

SIEMENS　　西门子 SIMATIC IPC

CONTEC　　日本株式会社康泰克

BECKHOFF　　倍福 Beckhoff 工业 PC

贝加莱工业自动化 B&R　　贝加莱 Automation PC

ADVANTECH 研華科技　　研华 CompactPCI

华北工控 NORCO　　华北工控工控机

研祥智能科技股份有限公司　　研祥嵌入式智能工控机

kontron　　控创 CompactPCI

（2）工业计算机的适用领域。

目前，IPC 已被广泛应用于工业及人们生活的方方面面。例如，控制现场、路桥收费、医疗、环保、通信、智能交通、监控、语音、排队机、POS 机、数控机床、加油机、金融、石化、物探、野外便携、环保及军工、电力、铁路、高速公路、航天、地铁等。

步骤二：认识专用型工业计算机

1. 计算机数控系统 CNC

（1）概述。

数控技术是指用数字、文字和符号组成的数字指令来实现一台（见图 1-11）或多台机械设备动作控制的技术。数控一般是采用通用或专用计算机实现数字程序控制，因此数控也称为计算机数控，简称 CNC（Computer Numerical Control）。

图 1-11 数控机床

传统的机械加工都是用手工操作普通机床作业的，加工时用手摇动机械刀具切削金属，靠眼睛、用卡尺等工具测量产品的精度。现代工业早已使用电脑数字化控制的机床进行作业，数控机床可以按照技术人员事先编好的程序自动对任何产品和零部件直接进行加工，这就是我们说的"数控加工"。数控加工广泛应用在所有机械加工的任何领域，更是模具加工的发展趋势和重要、必要的技术手段。

数控机床是按照事先编制好的加工程序，自动地对被加工零件进行加工。我们把零件的加工工艺路线、工艺参数、刀具的运动轨迹、位移量、切削参数（主轴转数、进给量和背吃刀量等）以及辅助功能（换刀，主轴正转、反转和切削液开、关等），按照数控机床规定的指令代码及程序格式编写加工程序单，再把这程序单中的内容记录在控制介质上（如穿孔纸带、磁带、磁盘和磁泡存储器），然后输入到数控机床的数控装置中，从而指挥机床加工零件。

这种从零件图的分析到制成控制介质的全部过程叫作数控程序的编制。数控机床与普通机床加工零件的区别在于数控机床是按照程序自动加工零件，而普通机床要由人来操作，我们只要改变控制机床动作的程序就可以达到加工不同零件的目的。因此，数控机床特别适用于加工小批量且形状复杂、要求精度高的零件。

1）数控系统的基本概念。

数控是数字控制（Numerical Control，NC）的简称。从广义上讲，是指利用数字化信息实行控制，也就是利用数字控制技术实现的自动控制系统，其被控对象可以是各种生产过程。而这里主要从狭义上理解，也就是利用数字化信息对机床轨迹和状态实行控制，如数控车床、数控铣床、数控线切割机床和数控加工中心等。因此，本书主要以机床作为被控对象，讨论数控系统的工作原理。

任何生产都有一定的过程。采用数字控制技术，生产过程被用某种语言编写的程序来描述，以数字形式送入计算机或专用控制装置，利用计算机的高速数据处理能力识别出该程序所描述的生产过程，通过计算和处理将此程序分解为一系列的动作指令，输出并控制生产过程中相应的执行对象，从而可使生产过程能在人不干预或少干预的情况下自动进行，实现生产过程自动化。可见，计算机数字控制系统都是由输入、决策与输出三个环节组成。

2）数控机床的系统组成及各部分的功能。

数控加工的过程：利用数控机床完成零件加工的过程如图 1-12 所示，主要内容如下。

①根据零件加工图样进行工艺分析，确定加工方案、工艺参数和位移数据。

②用规定的程序代码和格式编写零件加工程序单，或用自动编程软件进行 CAD/CAM 工作，直接生成零件的加工程序文件。

③程序的输入或传输。由手工编写的程序，可以通过数控机床的操作面板输入；由编程软件生成的程序，通过计算机的串行通信接口直接传输到数控机床的数控单元（MCU）。

④将输入/传输到数控单元的加工程序，进行试运行、刀具路径模拟等。

⑤通过对机床的正确操作，运行程序，完成零件的加工。

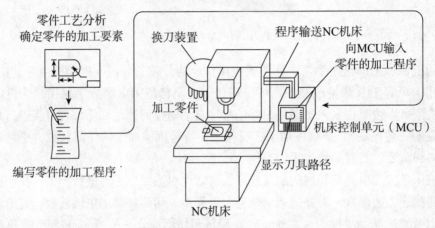

图1-12 数控机床零件加工过程

数控机床一般由控制介质、数控系统、包含伺服电动机和检测反馈装置的伺服系统、强电控制柜、机床本体和各类辅助装置组成。

①控制介质。

控制介质又称信息载体，是人与数控机床之间联系的中间媒介物质，反映了数控加工中全部信息。

②数控系统。

数控系统是机床实现自动加工的核心，是整个数控机床的灵魂所在。其主要由输入装置、监视器、主控制系统、可编程控制器和各类输入/输出接口等组成。它的主控制系统由 CPU、存储器和控制器等组成。数控系统的主要控制对象是位置、角度和速度等机械量以及温度、压力和流量等物理量，其控制方式又可分为数据运算处理控制和时序逻辑控制两大类。其中主控制器内的插补模块就是根据所读入的零件程序，通过译码、编译等处理后，进行相应的刀具轨迹插补运算，并通过与各坐标伺服系统的位置、速度反馈信号的比较，来控制机床各坐标轴的位移；而时序逻辑控制通常由可编程控制器 PLC 来完成，它根据机床加工过程中各个动作要求进行协调，按各检测信号进行逻辑判别，从而控制机床各个部件有条不紊地按顺序工作。

③伺服系统。

伺服系统是数控系统和机床本体之间的电传动联系环节。其主要由伺服电动机、驱动控制系统和位置检测与反馈装置等组成。伺服电动机是系统的执行元件，驱动控制系统则是伺服电动机的动力源。数控系统发出的指令信号与位置反馈信号比较后作为位移指令，再经过驱动系统的功率放大后，驱动电动机运转，通过机械传动装置拖动工作台或刀架运动。

④强电控制柜。

强电控制柜主要用来安装机床强电控制的各种电气元器件，除了提供数控、伺服等一类弱电控制系统的输入电源以及各种短路、过载、欠压等电气保护外，主要在 PLC 的输出接口与机床各类辅助装置的电气执行元件之间起桥梁连接作用，控制机床辅助装置的各种交流电动机、液压系统电磁阀或电磁离合器等。此外，它也与机床操作台有关的手动按钮连接。强电控制柜由各种中间继电器、接触器、变压器、电源开关、接线端子和各类电气保护元器件等构成。

（2）数字数控装置（CNC）。

数控系统的核心是完成数字信息运算处理和控制的计算机，一般称它为数字数控装置（CNC 装置）。现代数控装置不仅能通过读取信息载体方式，还可以通过其他方式获得数控加工程序。例如，通过键盘方式输入和编辑数控加工程序；通过通信方式输入其他计算机程序编辑器、自动编程器、CAD/CAM 系统或上位机所提供的数控加工程序。高档数控装置本身已包含一套自动编程系统或 CAD/CAM 系统，只需通过键盘输入相应的信息，数控装置本身就能生成数控加工程序。

1）CNC 装置的硬件构成。

CNC 装置是数控系统的核心，它是一台专用计算机，其配置的操作系统是控制各执行部件（各运动轴）的位移量并使之协调运动，而不是一般进行文档处理和科学计算的计算机。

在 CNC 装置的专用计算机中，除了与普通计算机一样具有 CPU、存储器、总线和输入/输出接口外，还有专门适用于数控机床各执行部件运动位置控制的位置控制器，如图 1-13 所示。此外，在存储器方面 CNC 装置一般由 ROM 和 RAM（磁泡存储器）构成，而普通计算机则由内存和外存（硬盘）构成，且后者容量相对大许多。

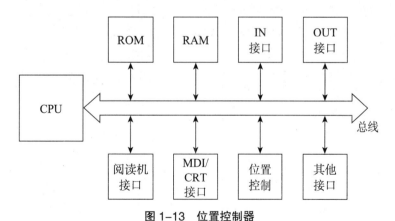

图 1-13　位置控制器

在 CNC 装置中，一般都是将显示器（CRT）和机床操作面板做在一起，以便实现手动数据输入（MDI）；将 CPU、存储器、位置控制器和输出接口等做在一起，构成 CNC 装置。

2）CNC 装置的体系结构。

早期的 CNC 装置多为单微处理器结构，装置内的所有信息处理工作都由一个 CPU 集中控制和管理，通过分时处理的方式来实现各种数控功能，它的优点是投资小、结构简单、易于实现。但系统功能受 CPU 的字长、数据宽度、寻址能力和运算速度等因素限制。现在这种结构已被多微处理器系统的主从结构所取代。

多微处理器 CNC 装置中有两个或两个以上的 CPU，也就是 CNC 装置中的某些功能模块自身也带有 CPU，按照这些 CPU 之间相互关系的不同，可将其分为以下结构。

①主从结构。

在该装置中只有一个 CPU（通常称为主 CPU），对整个装置的资源（装置内的存储器和总线）有控制权和使用权，而其他带有 CPU 的功能部件（通常称为智能部件）则无权控制和使用装置资源，它只能接受主 CPU 的控制命令或数据，或向主 CPU 发出请求信息以获得所需的数据。只有一个 CPU 处于主导地位，其他 CPU 则处于从属地位。

②多主结构。

在该装置中有两个或两个以上带 CPU 的功能部件对装置资源有控制权和使用权。功能部件之间采用紧耦合（即均挂靠在装置总线上，集中在一个机箱内），有集中的操纵系统，通过总线仲裁器（软件和硬件）来解决争用总线的问题，通过公共存储器来交换装置内的信息。

③分布式结构。

该装置有两个或两个以上带有 CPU 的功能模块，每个功能模块有自己独立的运行环境（总线、存储器和操作系统等），功能模块间采用松耦合（即在空间上可以较为分散），各模块之间采用通信方式交换信息。

从硬件的体系结构看，单微处理器结构与主从结构极其相似，因为主从结构的从模块与单微处理器结构中相应模块在功能上是等价的。

3）单微处理器数控装置的硬件结构。

所谓单微处理器结构，是指在 CNC 装置中只有一个微处理器（CPU），工作方式是集中控制，分时处理数控系统的各项任务，如存储、插补运算、输入输出控制以及 CRT 显示等。某些 CNC 装置中虽然用了两个以上的 CPU，但能够控制系统总线的只是其中的一个 CPU，它独占总线资源，通过总线与存储器、输入输出控制等各种接口相连；其他的 CPU 则作为专用的智能部件，它们不能控制总线，也不能访问存储器。这是一种主从结构，因此被归属于单微处理器结构中。单微处理器结构框图如图 1-14 所示，其结构简单、容易实现。

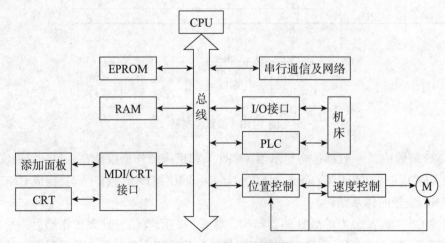

图 1-14　单微处理器结构

单微处理器结构的 CNC 装置可划分为计算机部分、位置控制部分、数据输入 / 输出接口及外围设备。

微处理器 CPU 是 CNC 装置的核心，CPU 执行系统程序，首先读取工件加工程序，对加工程序段进行译码和数据处理，然后根据处理后得到的指令，对该加工程序段的实时插补和机床位置伺服控制；它还将辅助动作指令通过可编程控制器（PLC）送到机床。

（3）主要 CNC 系统。

1）FANUC（法拉克）。

FANUC 公司创建于 1956 年，1959 年首先推出了电液步进电机，在后来的若干年中逐步发展并完善了以硬件为主的开环数控系统。进入 20 世纪 70 年代，微电子技术、功率电子技术，尤其是计算技术得到了飞速发展，FANUC 公司毅然舍弃了使其发家的电液步进电机数控产品，从 GETTES 公司引进直流伺服电机制造技术。1976 年 FANUC 公司成功研制数控系统 5，随后又与 SIEMENS 公司联合研制了具有先进水平的数控系统 7，从这时起，FANUC 公司逐步发展成为世界上最大的专业数控系统生产厂家，产品日新月异，年年翻新。

FANUC 公司目前生产的数控装置有 F0、F10、F11、F12、F15、F16 和 F18 系列。F00、F100、F110、F120、F150 系列是在 F0、F10、F12、F15 的基础上加了 MMC 功能，即 CNC、PMC 和 MMC 三位一体的 CNC。

FANUC 系统的典型构成如图 1-15 所示，其组成有：

①数控主板：用于核心控制、运算、存储和伺服控制等。新主板集成了 PLC 功能。

② PLC 板：用于外围动作控制。新系统的 PLC 板已经和数控主板集成到一起。

③ I/O 板：早期的 I/O 板用于数控系统和外部的开关信号交换。新型的 I/O 板主要集成了显示接口、键盘接口、手轮接口、操作面板接口及 RS-232 接口等。

④ MMC 板：人机接口板。这是个人电脑化的板卡，不是必须匹配的。本身带有 CRT、标准键盘、软驱、鼠标、存储卡及串行、并行接口。

⑤ CRT 接口板：用于显示器接口。新系统中，CRT 接口被集成到 I/O 板上。

另外，还提供其他一些可选板卡等。

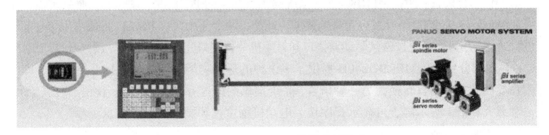

图 1-15 FANUC 系统的典型构成

2）SIEMENS（西门子）。

SIEMENS 数控系统，以较好的稳定性和较优的性价比在我国数控机床行业被广泛应用。下面以 SINUMERIK 840D 数控系统为例介绍其组成及功能。

①功能及特点。

SINUMERIK 840D 是 20 世纪 90 年代中期设计的全数字化数控系统，具有高度模块化及规范化的结构，它将 CNC 和驱动控制集成在一块板子上，将闭环控制的全部硬件和软件集成在 LTM2 的空间中，便于操作、编程和监控。

SINUMERIK 840D 与西门子 611D 伺服驱动模块及西门子 S7—300 PLC 模块构成的全数字化数控系统，能实现钻削、车削、铣削和磨削等数控功能，也能应用于剪切、冲压和激光加工等数控加工领域。SINUMERIK 840D 系统的主要功能及应用有以下几个方面。

a. 控制类型：采用 32 位微处理器，实现 CNC 控制，可用于完成 CNC 连续轨迹控制以及内部集成式 PLC 控制。

b. 机床配置：可实现钻削、车削、铣削、磨削、切割、冲压、激光加工和搬运设备的控制。备有全数字化的 SIMODRIVE 611 数字驱动模块。最多可控制 31 个进给轴和主轴，进给和快速进给的速度范围为 100 ~ 9 999mm/min。其插补功能有样条插补、三阶多项式插补、控制值互联和曲线表插补，这些功能为加工各类曲线曲面零件提供了便利条件。此外还具备进给轴和主轴同步操作的功能。

c. 操作方式：其操作方式主要有 Automatic（自动）、Jog（手动）、Teach in（示教编程）以及 MDA（手动数据自动化）。

d. 轮廓和补偿：840D 可根据用户程序进行轮廓的冲突检测、刀具半径补偿的接近和退出策略及交点计算、刀具长度补偿、螺距误差补偿和测量系统误差补偿、反向间隙补偿、过象限误差补偿等。

e. 安全保护功能：数控系统可通过预先设置软极限开关的方法，进行工作区域的限制，对程序进行减速，还可以对主轴的运行进行监控。

f. NC 编程：SINUMERIK 840D 系统的 NC 编程符合 DIN 66025 标准（德国工业标准），具有高级语言编程特色的程序编辑器，可进行公制、英制尺寸或混合尺寸的编程，程序编制与加工可同时进行，系统具备 1.5MB 的用户内存，用于零件程序、刀具偏置以及补偿的存储。

g. PLC 编程：SINUMERIK 840D 的集成式 PLC 完全以标准 SIMATICS 7 模块为基础，PLC 程序和数据内存可扩展到 288KB，I/O 模块可扩展到 2 048 个输入 / 输出点，PLC 程序能以极高的采样速率监视数字输入，向数控机床发送运动停止 / 启动等命令。

h. 操作部分硬件：SINUMERIK 840D 系统提供有标准的 PC 软件、硬盘和奔腾处理器，用户可在 Windows 98/2000 下开发自定义的界面。此外，两个通用接口 RS-232 可使主机与外部设置进行通信，用户还可通过磁盘驱动器接口和打印机并行接口完成程序存储、读入及打印工作。

i. 显示部分：SINUMERIK 840D 提供了多语种的显示功能，用户只需按一下按钮，即可将用户界面从一种语言转换为另一种语言，系统提供的语言有中文、英语、德语、西班牙语、法语和意大利语。显示屏上可显示程序块、电动机轴位置和操作状态等信息。

②系统基本构成。

SINUMERIK 840D 数控系统的基本构成如图 1-16 所示，主要包括以下几部分。

a. 数控单元电源：主要提供 +5V、+15V、−15V、+24V、−24V 直流电源，用于各板的供电；+24V 直流电源，用于单元内继电器控制。

b. 主电路板：应用模块式组合，连接各功能板、故障报警等。主 CPU 在该板上，CPU 选用 Pentium 处理器，用于系统主控。

c. 基本轴控制板：提供 X、Y、Z 和其他轴的进给指令，接收从 X、Y、Z 和其他轴位置编码器反馈的位置信号。

d. 存储器板：接收系统操作面板的键盘输入信号，提供串行数据传送接口、手摇脉冲发生器接口、主轴模拟量和位置编码器接口，存储系统参数、刀具参数和零件加工程序等。

e. 伺服系统：由 FM354 和 SPWM、SIMODRIVE61t、IFK6/IFT6/IFT5D 等组成，实现对机床的运动控制。

f. 位置检测系统：采用增量直线位移测量元件，实现机床的闭环检测。

g. 操作面板：操作面板使用全数控键盘布局。

h. 机床控制面板：机床控制面板按钮使用图形符号，使操作更加容易。

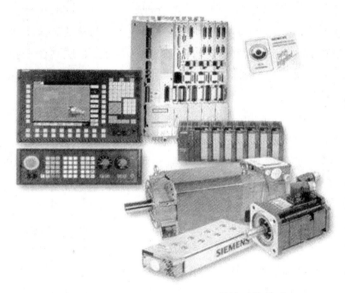

图 1-16　SINUMERIK 840D 数控系统构成

2. 可编程控制器 PLC

近年来，随着大规模集成电路的发展，以微处理机为核心组成的可编程控制器得到了迅速的发展，在电动机的运行控制、电磁阀的开闭、产品的计数以及温度压力等的设定和控制等方面，可编程控制器正发挥着越来越大的作用。

可编程序控制器，简称 PC。但由于 PC 容易和个人计算机（Personal Computer）混淆，故人们仍习惯地用 PLC 作为可编程序控制器的缩写。它是一个以微处理器为核心的数字运算操作的电子系统装置，专为在工业现场应用而设计。它采用可编程序的存储器，用以在其内部存储执行逻辑运算、顺序控制、定时 / 计数和算术运算等操作指令，并通过数字式或模拟式的输入 / 输出接口，控制各种类型的机械或生产过程。

PLC 是基于计算机技术和自动控制理论发展而来的，它既不同于普通的计算机，又不同于一般的计算机控制系统，作为一种特殊形式的计算机控制装置，它在系统结构、硬件组成、软件结构以及 I/O 通道、用户界面诸多方面都有其特殊性。

从原理上说，可编程控制器和计算机是一致的，为了和工业控制相适应，PLC 采用扫描原理来工作，也就是对整个程序进行一遍又一遍的扫描，直到停机为止。之所以采用这样的工作方式，是因为 PLC 是由继电器控制发展而来的，而 CPU 扫描用户程序的时间远远短于继电器的运作时间，只有采用循环扫描的办法才可以解决其中的矛盾。循环扫描的工作方式是 PLC 区别于普通计算机控制系统的一个重要方面。

早期的 PLC 主要用于顺序控制上。所谓顺序控制，就是按照工艺流程的顺序，在控制信号的作用下，使得生产过程的各个执行机构自动地按照顺序运作。PLC 的应用大大促进了流水线技术的发展。

今天的 PLC 已经开始用于闭环控制。不仅如此，随着其扩展能力和通信能力的发展，它也越来越多地应用到了复杂的分布式控制系统中。PLC 自 1969 年问世以来，按照成熟而有效的继电器控制概念和设计思想，不断利用新科技、新器件，和现在飞速发展的计算机技术相联系，逐步形成一门较为独立的新兴技术和具有特色的各种系列产品，同时也逐步发展成为一类可以有效而且便捷地解决自动化问题的方式。PLC 自身具有完善的功能、模块化的结构，以及开发容易、操作方便、性能稳定、可靠性高和较高的性价比等特点，使其在工业生产中的应用前景越发看好，而且随着集成电路的发展和网络时代的到来，PLC 必将能有更大的用武之地。

（1）PLC 的基本概念。

可编程控制器（Programmable Controller）是计算机家族中的一员，是为工业控制应用而设计制造的。早期的可编程控制器称作可编程逻辑控制器（Programmable Logic Controller），简称 PLC，它主要用来代替继电器实现逻辑控制。随着技术的发展，这种装置的功能已经大大超过了逻辑控制的范围。

（2）PLC 的基本结构。

PLC 实质是一种专用于工业控制的计算机，其硬件结构基本上与微型计算机相同。

①中央处理单元（CPU）。

中央处理单元是 PLC 的控制中枢。它按照 PLC 系统程序赋予的功能接收并存储从编程器键入的用户程序和数据；检查电源、存储器、I/O 以及警戒定时器的状态，并能诊断用户程序中的语法错误。当 PLC 投入运行时，首先它以扫描的方式接收现场各输入装置的状态和数据，并分别存入 I/O 映象区，然后从用户程序存储器中逐条读取用户程序，经过命令解释后按指令的规定执行逻辑或算数运算，并将其结果送入 I/O 映象区或数据寄存器内。等所有的用户程序执行完毕之后，最后将 I/O 映象区的各输出状态或输出寄存器内的数据传送到相应的输出装置，如此循环运行，直到停止运行。

为了进一步提高 PLC 的可靠性，近年来对大型 PLC 还采用双 CPU 构成冗余系统，或采用三 CPU 的表决式系统。这样，即使某个 CPU 出现故障，整个系统仍能正常运行。

②存储器。

存放系统软件的存储器称为系统程序存储器。存放应用软件的存储器称为用户程序存储器。

③电源。

PLC 的电源在整个系统中起着十分重要的作用。如果没有一个良好的、可靠的电源系统是无法正常工作的，因此 PLC 的制造商对电源的设计和制造也十分重视。一般交流电压波动在 +10%（+15%）范围内，可以不采取其他措施而将 PLC 直接连接到交流电网上去。

（3）主要 PLC 厂商。

主要 PLC 厂商有：西门子 PLC、欧姆龙 PLC、ABB PLC、施耐德 PLC、三菱 PLC、AB PLC、LG PLC、台达 PLC、GE PLC、松下 PLC 和信捷 PLC 等。

【课后任务】

1. 工业计算机的总线类型有哪些？
2. 简述工业计算机的主要结构。
3. 简述专用型计算机与通用型计算机的区别。

任务二　认识工业计算机外围设备

【学习目标】

（1）了解工业计算机的外围设备。
（2）了解工业计算机常见接口。
（3）掌握模拟量输入 / 输出设备的使用。
（4）掌握数字量输入 / 输出设备的使用。

【工作任务】

在本任务中，主要讲解了工业计算机的外围设备，介绍了工业计算机常见接口，然后根据实际需要讲解了模拟量输入 / 输出设备、数字量输入 / 输出设备等的使用。掌握这些设备的使用方法可以为以后的控制系统编程提供硬件知识基础。

【学习步骤】

步骤一：工业计算机常见接口

工业计算机是通过接口与其他设备通信、采集数据和发出控制指令的。最常见的工业计算机接口有 PCI 接口、RS-232 接口和 RS-485 接口。下面对这三种接口进行简单介绍。

1. PCI 接口

PCI 是 Peripheral Component Interconnect（外围设备互连）的缩写，它是目前计算机中使用最为广泛的接口，几乎所有的主板产品上都带有这种插槽。

PCI 是由 Intel 公司 1991 年推出的一种局部总线。从结构上看，PCI 是在 CPU 和原来的系统总线之间插入的一级总线，具体由一个桥接电路实现对这一层的管理，并实现上下之间的接口以协调数据的传送。管理器提供了信号缓冲，使之能支持 10 种外设，并能在高时钟频率下保持高性能，它为显卡、声卡、网卡、MODEM 和各种输入输出卡提供了连接接口，其工作频率为 33MHz/66MHz。

最早提出的 PCI 总线工作在 33MHz 频率之下，传输带宽达到了 132MB/s（33MHz X 32bits/8），基本上满足了当时处理器的发展需要。

随着对更高性能的要求，1993 年提出了 64bits 的 PCI 总线，后来又提出把 PCI 总线的频率提升到 66MHz。目前工业计算机广泛采用的是 32bits、33MHz 的 PCI 总线，64bits、66MHz 的 PCI 总线主要应用于服务器产品。

由于 PCI 总线具有 132MB/s 的带宽，工业计算机中一般在高速和大流量数据输入输出时采用 PCI 总线接口卡。

图 1-17 所示是一块 PCI 高速 A/D 采集卡，支持 8 路差分信号或 16 路单端模拟信号输入，具有 16bits 的分辨率，500kHz 的采样频率，支持大容量数据的高速实时输入。

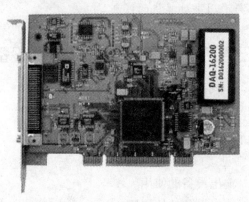

图 1-17　PCI 高速 A/D 采集卡

一般 PCI 接口卡分为多通道模拟输入卡、多通道模拟输出卡和多通道数字输入/输出卡三类。

2. RS-232 接口

RS-232 接口，又称 EIA RS-232-C（C 是版本号）。它是 1970 年由美国电子工业协会（EIA）联合贝尔系统、调制解调器厂家及计算机终端生产厂家共同制定的用于串行通信的标准。它的全名是"数据终端设备（DTE）和数据通信设备（DCE）之间串行二进制数据交换接口技术标准"，该标准规定采用一个 25 引脚的 DB25 连接器，对连接器的每个引脚的信号内容加以规定，还对各种信号的电平加以规定。

（1）接口的信号内容。

实际上 RS-232-C 的 25 条引线中有许多是很少使用的，在计算机与终端通信中一般只使用 3 ~ 9 条引线。RS-232-C 最常用的 9 条引线的信号内容如表 1-1 所示。

表 1-1　RS-232-C 最常用的 9 条引线的信号内容

引脚序号	信号名称	符号	流向	功能
2	发送数据	TXD	DTE → DCE	DTE 发送串行数据
3	接收数据	RXD	DTE ← DCE	DTE 接收串行数据
4	请求发送	RTS	DTE → DCE	DTE 请求 DCE 将线路切换到发送方式
5	允许发送	CTS	DTE ← DCE	DCE 告诉 DTE 线路已接通，可以发送数据
6	数据设备准备好	DSR	DTE ← DCE	DCE 准备好
7	信号地信号	GND		公共地
8	载波检测	DCD	DTE ← DCE	表示 DCE 接收到远程载波
20	数据终端准备好	DTR	DTE → DCE	DTE 准备好
22	振铃指示	RI	DTE ← DCE	表示 DCE 与线路接通，出现振铃

（2）接口的电气特性。

在 RS-232-C 中任何一条信号线的电压均为负逻辑关系。即：逻辑"1"为 -5 ~ -15V；逻辑"0"为 +5 ~ +15V。噪声容限为 2V，即要求接收器能识别低至 +3V 的信号作为逻辑"0"，高到 -3V 的信号作为逻辑"1"。

（3）接口的物理结构。

RS-232-C 接口连接器一般使用型号为 DB-25 的 25 芯插头座，通常插头在 DCE 端，插座在 DTE 端。一些设备与计算机连接的 RS-232-C 接口，因为不使用对方的传送控制信号，只需三条接口线，即"发送数据"、"接收数据"和"信号地"，所以采用 DB-9 的 9 芯插头座，传输线采用屏蔽双绞线。

（4）传输电缆长度。

由 RS-232-C 标准规定，在码元畸变小于 4% 的情况下，传输电缆长度应为 50 英尺[①]，其实这个 4% 的码元畸变是很保守的，在实际应用中，约有 99% 的用户是按码元畸变 10% ~ 20% 的范围工作的，所以实际使用中最大距离会远超过 50 英尺。

由于串行通信方式具有使用线路少、成本低的特点，特别是在远程传输时，有效避免了多条线路特性的不一致而被广泛采用。

由于 RS-232-C 接口标准出现较早，难免有不足之处，主要有以下四点：

①接口的信号电平值较高，易损坏接口电路的芯片，又因为与 TTL 电平不兼容，故需使用电平转换电路方能与 TTL 电路连接。

②传输速率较低，在异步传输时，波特率为 20Kbps。

③接口使用一根信号线和一根信号返回线而构成共地的传输形式，这种共地传输容易产生共模干扰，所以抗噪声干扰性弱。

④传输距离有限，最大传输距离标准值为 50 英尺，实际上也只能用在 50 米左右。

3. RS-485 接口

针对 RS-232-C 的不足，不断出现了一些新的接口标准，RS-485 就是其中之一，它具有以下特点。

（1）RS-485 的电气特性：逻辑"1"以两线间的电压差为 +2 ~ +6V 表示；逻辑"0"以两线间的电压差为 -2 ~ -6V 表示。接口信号电平比 RS-232-C 低，就不易损坏接口电路的芯片，且该电平与 TTL 电平兼容，可方便与 TTL 电路连接。

（2）RS-485 的数据最高传输速率为 10Mbps。

（3）RS-485 接口是采用平衡驱动器和差分接收器的组合，抗共模干扰能力增强，即抗噪声干扰性好。

（4）RS-485 接口的最大传输距离标准值为 4 000 英尺，实际上可达 3 000 米。另外，RS-232-C 接口在总线上只允许连接 1 个收发器，即单站能力。而 RS-485 接口在总线上允许连接多达 128 个收发器，即具有多站能力，这样用户可以利用单一的 RS-485 接口更加方便地建立起设备网络。

---

① 1 英尺 =0.304 8 米。

RS-485 接口因具有良好的抗噪声干扰性、长的传输距离和多站能力等优点而成为首选的串行接口。

由于 RS-485 接口组成的半双工网络，一般只需两根连线，所以 RS-485 接口均采用屏蔽双绞线传输。RS-485 接口连接器采用 DB-9 的 9 芯插头座，与智能终端 RS-485 接口采用 DB-9（孔），与键盘连接的键盘接口采用 DB-9（针）。

工业计算机与 RS-232、RS-485 的一般连接图如下。图 1-18 是基于泓格 7000 系列产品构建的分布式工业控制系统网络图。利用 7520 模块将计算机的 RS-232 接口转换成 RS-485 接口，具有电源隔离作用，增强了系统的抗干扰能力，提高了系统的稳定性和可靠性。7520 模块的原理如图 1-19 所示。7520 具有 3 000 VDC 的电压隔离能力，RS-485 总线最多可挂接 256 个 RS-485 模块，不带中继总线可达 1.2km。

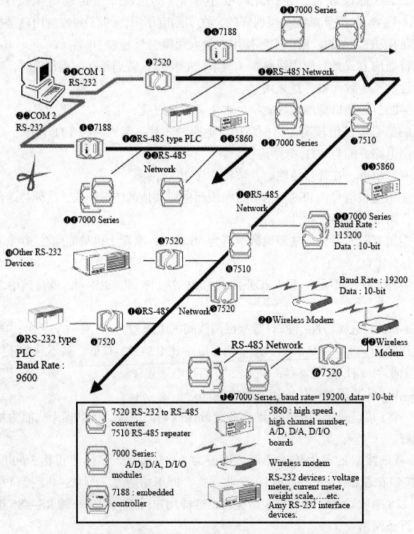

图 1-18　利用 RS-232/RS-485 构建的分布式工业控制系统网络

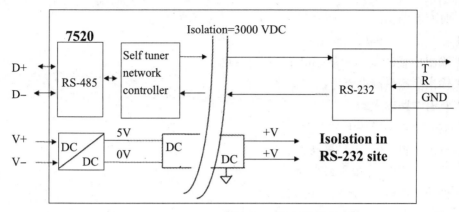

图 1-19　7520 RS-232/RS-485 转换模块原理图

步骤二:数字量输入 / 输出设备

下面以泓格的 I-7000 系列产品介绍分布式工业计算机系统的输入输出设备。I-7000 系列产品包含基于工业网络的一系列数据采集和控制模块,它们提供模拟量到数字量转换、数字量到模拟量转换、数字量输入输出、定时、计数及其他功能。控制器(工业计算机)通过一套指令集可以远程操控这些模块。数字量输入 / 输出模块支持 TTL 信号、光耦隔离的数字输入,接触式继电器输出、固态继电器输出、带光耦隔离的功率 MOS 管输出和集电极开路输出。本书以 I-7050/D 为例介绍数字输入输出设备的结构、特性、原理和应用。

1. I-7050/D 的引线配接

I-7050/D 的外形和引线配接如图 1-20 所示。

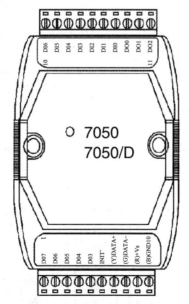

图 1-20　I-7050/D 的外形和引线配接

2. I-7050/D 的基本特性

数字输入 / 输出模块 I-7050/D 的基本特性如下:

（1）具有 8 路输出；

（2）输出信号与模块电源不隔离；

（3）输出负载最高电压为 +30V；

（4）输出负载最高电流为 30mA；

（5）具有 7 路输入；

（6）输入信号与模块电源不隔离；

（7）输入逻辑"0"电平最高为 1V；

（8）输入逻辑"1"电平最高为 3.5 ~ 30V；

（9）模块电源电压 +10 ~ +30 VDC；

（10）模块功耗：I–7050 0.4W；I–7050/D 1.1W。

3. I–7050/D 的原理框图

I–7050/D 的原理框图如图 1–21 所示。

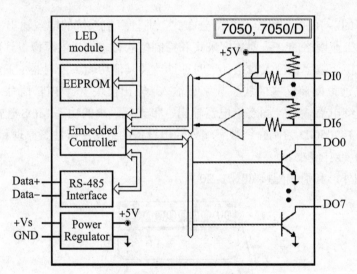

图 1–21　I–7050/D 原理框图

4. I–7050/D 输出接线图

I–7050/D 模块是集电极开路输出，当输出连接感性负载时，譬如驱动继电器线圈，必须接二极管保护，防止浪涌电流损坏输出三极管。如图 1–22 所示。

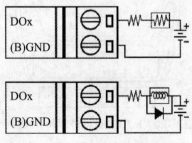

图 1–22　I–7050/D 输出接线图

5. I-7050/D 模块出厂默认设置

（1）地址：01；

（2）波特率：9 600 bps；

（3）类型：数字输入 / 输出模块为类型 40；

（4）校验和控制位：功能失效。

6. I-7000 系列模块参数配置表

（1）波特率设置（CC），如表 1-2 所示。

表 1-2　波特率设置

代码	03	04	05	06	07	08	09	0A
波特率 /bps	1 200	2 400	4 800	9 600	19 200	38 400	57 600	115 200

（2）类型设置（TT）。

数字输入 / 输出模块为类型 40。

（3）数据格式设置（FF），表 1-3 所示。

表 1-3　数据格式设置

7	6	5	4	3	2	1	0
*1	*2	0	0	0	*3		

*1 计数触发方向：0= 下降沿触发，1= 上升沿触发；

*2 校验和控制位：0= 功能失效，1= 功能有效；

*3 7050=0（Bit［2.1.0］=000），7060=1（Bit［2.1.0］=001），

7052=2（Bit［2.1.0］=010），7053=3（Bit［2.1.0］=011）。

（4）读取数字输入 / 输出数据的格式（见表 1-4）。

Data of $AA6，$AA4，$AALS: (First Data)(Second Data)00

Data of @AA: (First Data)(Second Data)

表 1-4　读取数字输入 / 输出数据的格式

模块型号	First Data		Second Data	
I-7050/50D	DO（0 ~ 7）	00 to FF	DI（0 ~ 6）	00 to 7F

7. I-7000 系列模块控制命令

命令格式：(引导符)(地址)(命令)［校验和］(cr)；

返回格式：(引导符)(地址)(数据)［校验和］(cr)；

［校验和］：可选项，两字符校验和；

(cr)：命令结束符，回车符（0×0D）。

通用命令集和主机"看门狗"命令集分别如表 1-5、表 1-6 所示。

表 1-5　通用命令集

序　号	命　令	返　回	描　述	说　明
1	%AANNTTCCFF	!AA	设置模块配置参数	详见使用手册
2	#**	无	同步采样	详见使用手册
3	#AABBDD	>	数字输出	详见使用手册
4	#AAN	!AA(Data)	读取数字计数器数值	详见使用手册
5	$AA2	!AATTCCFF	读取配置参数	详见使用手册
6	$AA4	!S(Data)	读取同步数据	详见使用手册
7	$AA5	!AAS	读取复位状态	详见使用手册
8	$AA6	!(Data)	读取数字输入 / 输出状态	详见使用手册
9	$AAF	!AA(Data)	读取硬件版本号	详见使用手册
10	$AAM	!AA(Data)	读取模块名字	详见使用手册
11	$AAC	!AA	清除锁存的数字输入	详见使用手册
12	$AACN	!AA	清除数字输入计数器	详见使用手册
13	$AALS	!(Data)	读取锁存的数字输入	详见使用手册
14	@AA	>(Data)	读取数字输入	详见使用手册
15	@AA(Data)	>	设定数字输出	详见使用手册
16	~ AAO(Data)	!AA	设定模块名字	详见使用手册

表 1-6　主机"看门狗"命令集

序　号	命　令	返　回	描　述	说　明
1	~ **	无	主机正常	详见使用手册
2	~ AA0	!AASS	读取模块状态	详见使用手册
3	~ AA1	!AA	复位模块状态	详见使用手册
4	~ AA2	!AAVV	读取主机看门狗时间值	详见使用手册
5	~ AA3EVV	!AA	设定主机看门狗时间值	详见使用手册
6	~ AA4V	!AA(Data)	读取上电 / 安全模式数值	详见使用手册
7	~ AA5V	!AA	设定上电 / 安全模式数值	详见使用手册

步骤三：模拟量输入设备

I-7000 系列模拟输入模块都具有 3 000 VDC 电源隔离、24bits Sigma-Delta ADC 分辨率以及软件标定功能，不同模块的功能差别主要是模拟输入通道数和采样速度等。本书以 I-7017 为例介绍模拟输入模块的结构、特性、原理和应用。

1. I-7017 的引线配接

I-7017 的外形和引线配接如图 1-23 所示。

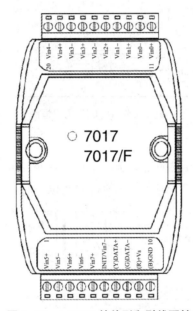

图 1-23　I-7017 的外形和引线配接

2. I-7017 的基本特性

模拟输入模块 I-7017 的基本特性如下：

（1）具有 8 路差分输入，或者通过跳线实现 6 路差分和 2 路单端输入；

（2）输入信号类型：mV、V、mA（通过 125Ω 外接电阻）；

（3）采样速率：10 次 / 秒；

（4）带宽：15.7Hz；

（5）精度：±0.1%；

（6）零漂：20μV/℃；

（7）共模抑制比：86dB；

（8）输入阻抗：20MΩ；

（9）过压保护：±35V；

（10）隔离电压：3 000 VDC；

（11）模块电源电压：+10 ~ +30 VDC；

（12）模块功耗：1.3W。

3. I-7017 的原理框图

I-7017 的原理框图如图 1-24 所示。

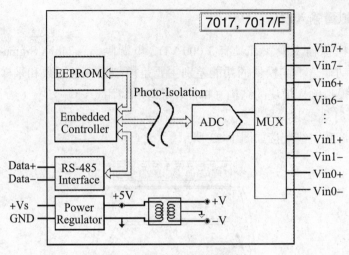

图 1-24　I-7017 原理框图

4. I-7017 输入接线图

I-7017 模块输入方式可以通过跳线块选择，按 0 ~ 5 通道固定差分输入，接线原理如图 1-25 所示。6、7 通道按 JP1 选择模式不同，接线方式也不同，分别如图 1-26 和图 1-27 所示。

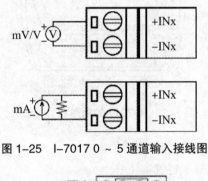

图 1-25　I-7017 0 ~ 5 通道输入接线图

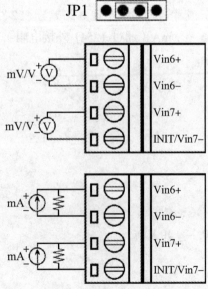

图 1-26　JP1 设置为 8 路差分输入模式时，I-7017 6、7 通道输入接线图

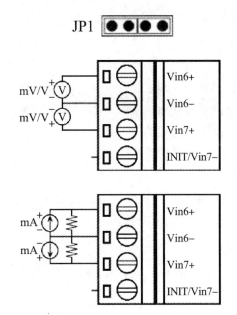

图 1-27　JP1 设置为 INIT 模式时，I-7017 6、7 通道输入接线图

5. I-7017 模块出厂默认设置

（1）地址：01；

（2）波特率：9 600 bps；

（3）类型：模拟输入类型为 08，-10 ~ +10V；

（4）校验和控制位：功能失效；

（5）60Hz 低通滤波；

（6）工程师单位数据格式；

（7）6 路差分和 2 路单端输入模式。

6. 标定

特别提醒：在没有完全弄明白标定方法前，请不要标定模块。

I-7012/12D/12F/12FD/14D/17/17F 模块需要标定。

当标定模块 I-7012/12D/12F/12FD/14D/17/17F 的类型为 0D 时，需要外接 125Ω、误差为 0.1% 的旁路电阻。

该标定模块类型码设置如表 1-7 所示。

表 1-7　标定模块类型码设置

类型码	08	09	0A	0B	0C	0D
零点输入	0V	0V	0V	0mV	0mV	0mA
满量程输入	+10V	+5V	+1V	+500mV	+150mV	+20mA

标定步骤：

（1）连接标定电压 / 电流到模块的输入端。I-7017/17F 模块连接至通道 0；

（2）预热 30min；

（3）设定类型为 08，参考后面指令；

（4）使能标定功能，参考后面指令；

（5）将零点标定电压作用至输入端；

（6）执行零点标定命令，参考后面指令；

（7）将满量程标定电压作用至输入端；

（8）执行满量程标定命令，参考后面指令；

（9）重复步骤 4 ~ 步骤 8 三次。

7. I-7012/12D/12F/12FD/14D/17/17F 模块参数配置表

该模块参数配置表如表 1-8 ~ 表 1-10 所示。

（1）波特率设置（CC）。

表 1-8　波特率设置（CC）

代码	03	04	05	06	07	08	09	0A
波特率 /bps	1 200	2 400	4 800	9 600	19 200	38 400	57 600	115 200

（2）模拟输入类型设置（TT）。

表 1-9　模拟输入类型设置（TT）

类型码	08	09	0A	0B	0C	0D
最小输入值	−10V	−5V	−1V	−500mV	−150mV	−20mA
最大输入值	+10V	+5V	+1V	+500mV	+150mV	+20mA

（3）数据格式设置（FF）。

表 1-10　数据格式设置（FF）

7	6	5	4	3	2	1	0
*1	*2	*3	0	0	0	*4	

*1 低通滤波器截止频率选择：0=60Hz，1=50Hz；

*2 校验和控制位：0= 功能失效，1= 功能有效；

*3 快速 / 正常控制位：0= 正常，1= 快速；（仅 I-7012F/12FD/17F 模块有效）

*4 输出数据格式：

00= 工程师单位格式；01= 百分比格式；10= 二进制补码的十六进制格式。

模拟输入类型和数据格式如表 1-11 所示：

表 1-11 输入类型和数据

类型码	输入范围	数据格式	+F.S.	零 点	-F.S.
08	-10 ~ +10V	工程师单位	+10.000	+00.000	-10.000
		满量程百分比	+100.00	+000.00	-100.00
		二进制补码十六进制	7FFF	0 000	8 000
09	-5 ~ +5V	工程师单位	+5.000 0	+0.000 0	-5.000 0
		满量程百分比	+100.00	+000.00	-100.00
		二进制补码十六进制	7FFF	0 000	8 000
0A	-1 ~ +1V	工程师单位	+1.000 0	+0.000 0	-1.000 0
		满量程百分比	+100.00	+000.00	-100.00
		二进制补码十六进制	7FFF	0 000	8 000
0B	-500 ~ +500mV	工程师单位	+500.00	+000.00	-500.00
		满量程百分比	+100.00	+000.00	-100.00
		二进制补码十六进制	7FFF	0 000	8 000
0C	-150 ~ +150mV	工程师单位	+150.00	+000.00	-150.00
		满量程百分比	+100.00	+000.00	-100.00
		二进制补码十六进制	7FFF	0 000	8 000
0D	-20 ~ +20mA	工程师单位	+20.000	+00.000	-20.000
		满量程百分比	+100.00	+000.00	-100.00
		二进制补码十六进制	7FFF	0 000	8 000

8. I-7012/12D/12F/12FD/14D/17/17F 模块命令

命令格式：（引导符）（地址）（命令）［校验和］（cr）；

响应格式：（引导符）（地址）（数据）［校验和］（cr）；

［校验和］：可选项，两字符校验和；

（cr）：命令结束符，回车符（0×0D）。

校验和的计算：

计算除回车符（0×0D）外的所有命令（或响应）字符串的 ASCII 码值的和；用 0ffH 与计算所得的和做与运算，得到校验和。

下面举例说明：

命令字符串：$012(cr)

字符串的和 ='$'+'0'+'1'+'2'=24h+30h+31h+32h=B7h

校验和是 B7h，故［校验和］="B7"

带校验和的命令字符串：$012B7(cr)

响应字符串：!01070600(cr)

字符串的和 ='!'+'0'+'1'+'0'+'7'+'0'+'6'+'0'+'0'

　　　　　　=21h+30h+31h+30h+37h+30h+36h+30h+30h=1AFh

校验和是 AFh，故［校验和］="AF"

带校验和的响应字符串：!01070600AF(cr)

通用命令集和主机"看门狗"命令集分别如表 1-12、表 1-13 所示。

表 1-12　通用命令集

序　号	命　令	返　回	描　述	说　明
1	%AANNTTCCFF	!AA	设置模块配置参数	详见使用手册
2	#**	无	同步采样	详见使用手册
3	#AA	>(Data)	读取模拟输入	详见使用手册
4	#AAN	>(Data)	从通道 N 读取模拟输入	详见使用手册
5	$AA0	!AA	执行满量程标定	详见使用手册
6	$AA1	!AA	执行零点标定	详见使用手册
7	$AA2	!AANNTTCCFF	读取模块配置参数	详见使用手册
8	$AA4	>AAS(Data)	读取同步数据	详见使用手册
9	$AA5VV	!AA	设置通道使能	详见使用手册
10	$AA6	!AAVV	读取通道状态	详见使用手册
11	$AA8	!AAV	读取 LED 配置参数	详见使用手册
12	$AA8V	!AA	设置 LED 配置参数	详见使用手册
13	$AA9(Data)	!AA	设置 LED 数据	详见使用手册
14	$AAA	!(Data)	读取 8 通道数据	详见使用手册
15	$AAF	!AA(Data)	读取硬件版本号	详见使用手册
16	$AAM	!AA(Data)	读取模块名字	详见使用手册
17	~ AAO(Data)	!AA	设定模块名字	详见使用手册
18	~ AAEV	!AA	使能 / 取消标定	详见使用手册

表1-13　主机"看门狗"命令集

序　号	命　　令	返　回	描　述	说　明
1	~ **	无	主机正常	详见使用手册
2	~ AA0	!AASS	读取模块状态	详见使用手册
3	~ AA1	!AA	复位模块状态	详见使用手册
4	~ AA2	!AAVV	读取主机看门狗时间值	详见使用手册
5	~ AA3EVV	!AA	设定主机看门狗时间值	详见使用手册
6	~ AA4	!AAPPSS	读取上电/安全模式数值	详见使用手册
7	~ AA5PPSS	!AA	设定上电/安全模式数值	详见使用手册

步骤四：模拟量输出设备

I-7000 系列模拟输出模块都具有 3 000 VDC 电源隔离、上电时模拟输出值可编程设定、输出信号变化率可编程设定以及软件标定功能，不同模块的功能差别主要是模拟输出通道数和 DAC 分辨率等。本书以 I-7022 为例介绍模拟输出模块的结构、特性、原理和应用。

1. I-7022 的引线配接

I-7022 的外形和引线配接如图 1-28 所示。

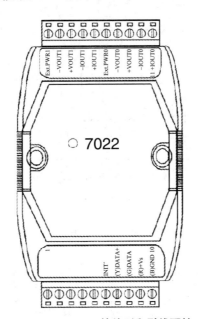

图 1-28　I-7022 的外形和引线配接

2. I-7022 的基本特性

模拟输出模块 I-7022 的基本特性如下：

（1）具有 2 路模拟输出通道；

（2）输出信号类型：V、mA；

（3）精度：±0.1% 满量程；

（4）分辨率：±0.02% 满量程；

（5）读回精度：±1% 满量程；

（6）零漂：电压输出 ±30μV/℃，电流输出 0.2μA/℃；

（7）全量程温度系数：±25ppm/℃；

（8）可编程输出信号变化率：0.125 ～ 1 024mA/s，0.062 5 ～ 512 V/s；

（9）电压输出负载能力最大为 10mA；

（10）电流输出负载电阻，模块内部供电：500Ω，外部供 24V 电源：1 000Ω；

（11）隔离电压：3 000 VDC，数字输入与模拟输出之间隔离，模拟通道之间隔离；

（12）模块电源电压 +10 ～ +30 VDC；

（13）模块功耗：3W。

3. I-7022 的原理框图

I-7022 原理框图如图 1-29 所示。

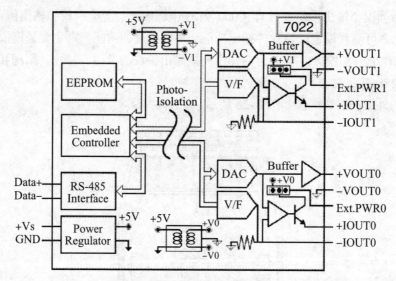

图 1-29　I-7022 原理框图

4. I-7022 跳线设置

跳线用于选择 I-7022 模块电流输出时的供电电源，具体设置如图 1-30 所示。

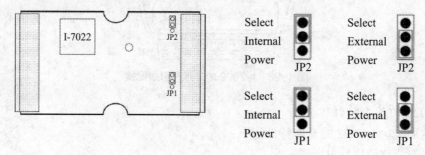

图 1-30　I-7022 跳线设置图

JP1 用于通道 0 的设置，JP2 用于通道 1 的设置；

选择模块内部电源供电，提供最大 500Ω 的负载电阻能力；

选择模块外部 24V 电源供电，提供最大 1 050Ω 的负载电阻能力。

5. I–7022 输出接线图

由于 I–7022 模块输出方式可以通过软件设定，选择电流输出方式后，还必须通过跳线块选择模拟输出的供电电源。I–7022 电压输出方式时的输出接线如图 1–31 所示，电流输出方式时的输出接线如图 1–32 所示。

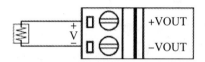

图 1–31　I–7022 电压输出方式时的输出接线图

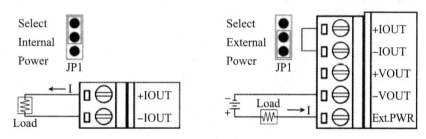

图 1–32　I–7022 电流输出方式时的输出接线图

6. I–7022 模块出厂默认设置

（1）地址：01；

（2）波特率：9600 bps；

（3）类型：模拟输出为 0 ～ +10V；

（4）校验和控制位：功能失效；

（5）输出信号变化率为立即改变；

（6）工程师单位数据格式；

（7）跳线块设置为内部电源供电。

7. 标定

特别提醒：在没有完全弄明白标定方法前，请不要标定模块。

I–7022 电流输出方式时的标定步骤：

（1）将跳线块设置为内部电源供电方式，将毫安表连接到 0 通道的电流输出端，如果没有毫安表，可以使用电压表测量，外接 250Ω、0.1% 精度的电阻，通过电压表的读数计算出毫安值，$I=V/250$。接线如图 1–33 所示。

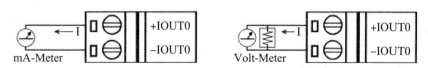

图 1–33　电流输出方式时标定的接线图

（2）预热 30min；

（3）设定输出类型为 0（0 ~ 20mA），参考后面指令；

（4）通过命令输出 4mA；

（5）检查毫安表，使用修正命令使毫安表读数为 4mA；

（6）执行 4mA 标定命令，参考后面指令；

（7）通过命令输出 20mA；

（8）检查毫安表，使用修正命令使毫安表读数为 20mA；

（9）执行 20mA 标定命令，参考后面指令；

（10）对通道 1 执行步骤 1 ~ 步骤 9 操作。

I-7022 电压输出方式时的标定步骤：

（1）将电压表连接到 0 通道的电压输出端，将 0 通道的电流输出端短接用于输出数据的读回。接线如图 1-34 所示。

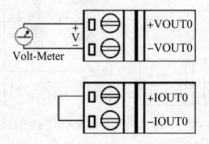

图 1-34　电压输出方式时标定的接线图

（2）预热 30min；

（3）设定输出类型至 2（0 ~ 10V），参考后面指令；

（4）通过命令输出 10V；

（5）检查电压表，使用修正命令使电压表读数为 10V；

（6）执行 10V 标定命令，参考后面指令；

（7）对通道 1 执行步骤 1 ~ 步骤 6 操作。

8. I-7022 模块参数配置表

I-7022 模块参数配置表如表 1-14 和表 1-15 所示。

（1）波特率设置（CC）。

表 1-14　波特率设置（CC）

代码	03	04	05	06	07	08	09	0A
波特率 /bps	1 200	2 400	4 800	9 600	19 200	38 400	57 600	115 200

（2）模拟输出类型设置（TT）。

对 I-7022 模拟输出类型设置为 3F。

（3）数据格式设置（FF）。

表 1-15 数据格式设置（FF）

7	6	5	4	3	2	1	0
0	*1		*2			*3	

*1 校验和控制位：0= 功能失效，1= 功能有效；

*2 输出信号变化率设置位，对 I-7022 模块设置为 0000；

*3 数据格式：

00= 工程师单位格式；01= 满量程百分比格式；10= 十六进制格式。

模拟输出类型和数据格式如表 1-16 所示：（I-7022 模块）

表 1-16 模拟输出类型和数据格式

输出类型	输出范围	数据格式	最大值	最小值
0	0 ~ 20mA	工程师单位	20.000	00.000
		满量程百分比	+100.00	+000.00
		十六进制	FFF	0 000
1	4 ~ 20mA	工程师单位	20.000	04.000
		满量程百分比	+100.00	+000.00
		十六进制	FFF	0 000
2	0 ~ 10V	工程师单位	10.000	00.000
		满量程百分比	+100.00	+000.00
		十六进制	FFF	0 000

I-7022 模块 DA 参数配置：

模拟输出信号类型（T）

0：0 ~ 20mA 电流输出；1：4 ~ 20mA 电流输出；2：0 ~ 10V 电压输出。

输出信号变化率控制位（S）

0：立即变化；   1：0.062 5V/s 或 0.125mA/s；

2：0.125V/s 或 0.25mA/s；   3：0.25V/s 或 0.5mA/s；

4：0.5V/s 或 1.0mA/s；   5：1.0V/s 或 2.0mA/s；

6：2.0V/s 或 4.0mA/s；   7：4.0V/s 或 8.0mA/s；

8：8.0V/s 或 16mA/s；   9：16V/s 或 32mA/s；

A：32V/s 或 64mA/s；   B：64V/s 或 128mA/s；

C：128V/s 或 256mA/s；　　　　　　D：256V/s 或 512mA/s；

E：512V/s 或 1 024mA/s；

9．I–7022 模块命令

命令格式：（引导符）（地址）（命令）［校验和］（cr）；

响应格式：（引导符）（地址）（数据）［校验和］（cr）；

［校验和］：可选项，两字符校验和；

（cr）：命令结束符，回车符（0×0D）。

校验和的计算：

计算除回车符（0×0D）外的所有命令（或响应）字符串的 ASCII 码值的和；用 0ffH 与计算所得的和做与运算，得到校验和。

下面举例说明：

命令字符串：$012(cr)

字符串的和 ='$'+'0'+'1'+'2'=24h+30h+31h+32h=B7h

校验和是 B7h，故［校验和］=“B7”

带校验和的命令字符串：$012B7(cr)

响应字符串：!01300600(cr)

字符串的和 ='!'+'0'+'1'+'3'+'0'+'0'+'6'+'0'+'0'

　　　　　　=21h+30h+31h+33h+30h+30h+36h+30h+30h=1ABh

校验和是 ABh，故［校验和］=“AB”

带校验和的响应字符串：!01300600AB(cr)

I–7022 示列模拟输出模块通用命令集、I–7022 模拟输出命令集和主机“看门狗”命令集分别如表 1–17 ~ 表 1–19 所示。

表 1–17　I–7022 系列模拟输出模块通用命令集

序　号	命　令	返　回	描　述	说　明
1	%AANNTTCCFF	!AA	设置模块配置参数	详见使用手册
2	$AA2	!AANNTTCCFF	读取模块配置参数	详见使用手册
3	$AA5	!AAS	读取复位状态	详见使用手册
4	$AAF	!AA(Data)	读取硬件版本号	详见使用手册
5	$AAM	!AA(Data)	读取模块名字	详见使用手册
6	~ AAO(Data)	!AA	设定模块名字	详见使用手册

表 1-18 I-7022 模拟输出命令集（所有命令针对特定通道 N）

序 号	命 令	返 回	描 述	说 明
1	#AAN(Data)	>	输出模拟输出值	详见使用手册
2	$AA0N	!AA	执行 4mA 标定	详见使用手册
3	$AA1N	!AA	执行 20mA 标定	详见使用手册
4	$AA3NVV	!AA	修正标定	详见使用手册
5	$AA4N	!AA	设置上电输出值	详见使用手册
6	$AA6N	!AA(Data)	读回上一个输出值	详见使用手册
7	$AA7N	!AA	执行 10V 标定	详见使用手册
8	$AA8N	!AA(Data)	读回输出电流值	详见使用手册
9	$AA9N	!AATS	读取 DA 配置参数	详见使用手册
10	$AA9NTS	!AA	设置 DA 配置参数	详见使用手册

表 1-19 主机"看门狗"命令集

序 号	命 令	返 回	描 述	说 明
1	~ **	无	主机正常	详见使用手册
2	~ AA0	!AASS	读取模块状态	详见使用手册
3	~ AA1	!AA	复位模块状态	详见使用手册
4	~ AA2	!AAVV	读取主机看门狗时间值	详见使用手册
5	~ AA3EVV	!AA	设定主机看门狗时间值	详见使用手册
6	~ AA4	!AA(Data)	读取安全模式数值	详见使用手册
7	~ AA4N	!AA(Data)	读取 N 通道安全模式数值	详见使用手册
8	~ AA5	!AA	设定安全模式数值	详见使用手册
9	~ AA5N	!AA	设定 N 通道安全模式数值	详见使用手册

步骤五：触摸屏

（1）触摸屏概述。

触摸屏（Touch Panel）又称为触控面板，是一个可接收触头等输入信号的感应式液晶显示装置。当接触屏幕上的图形按钮时，屏幕上的触觉反馈系统可根据预先编制的程序驱动各种连接装置，可用以替代机械式的按钮面板，并通过液晶显示画面制造出丰富多彩的图形效果。如图 1-35 所示是一款工业控制系统中常用的彩色触摸屏。

图 1-35 彩色触摸屏

触摸屏具有坚固耐用、反应速度快、节省空间、易于交流等许多优点。利用这种技术，用户只要用手指轻轻地触碰计算机显示屏上的图形或文字就能实现对主机操作，从而使人机交互更为直截了当，这种技术大大方便了那些不懂电脑操作的用户。

触摸屏作为一种最新的计算机输入/输出设备，是目前最简单、方便和自然的一种人机交互方式。它赋予了多媒体崭新的面貌，是极富吸引力的全新多媒体交互设备。触摸屏在我国的应用范围非常广阔，主要是公共信息的查询，如电信局、税务局、银行和电力等部门的业务查询；城市街头的信息查询；应用于领导办公、工业控制、军事指挥、电子游戏、点歌菜单、多媒体教学和房地产预售等。将来，触摸屏还要走入家庭。

随着使用计算机作为信息来源的人数与日俱增，触摸屏以其易于使用、坚固耐用、反应速度快和节省空间等优点，使得系统设计师们越来越多地感到使用触摸屏的确具有相当大的优越性。触摸屏对于各种应用领域的电脑已经不再是可有可无的东西，而是必不可少的设备。它极大地简化了计算机的使用，即使是对计算机一无所知的人，也照样能够信手拈来，使计算机展现出更大的魅力。

（2）触摸屏的基本工作原理。

为了操作上的方便，人们用触摸屏来代替鼠标或键盘。工作时，我们必须首先用手指或其他物体触摸安装在显示器前端的触摸屏，然后系统根据手指触摸的图标或菜单位置来定位选择信息输入。触摸屏由触摸检测部件和触摸屏控制器组成；触摸检测部件安装在显示器屏幕前面，用于检测用户触摸位置，接收后送入触摸屏控制器；而触摸屏控制器的主要作用是从触摸点检测装置上接收的触摸信息，并将它转换成触点坐标，再送给 CPU，它同时能接收 CPU 发来的命令并加以执行。

（3）触摸屏的主要类型。

从技术原理来区别触摸屏，可分为五个基本种类：矢量压力传感技术触摸屏、电阻技术触摸屏、电容技术触摸屏、红外线技术触摸屏和表面声波技术触摸屏。其中矢量压力传感技术触摸屏已退出历史舞台；红外线技术触摸屏价格低廉，但其外框易碎，容易产生光干扰，在曲面情况下失真；电容技术触摸屏设计构思合理，但其图像失真问题很难得到根本解决；电阻技术触摸屏的定位准确，但其价格颇高，且怕刮易损；表面声波触摸屏解决了以往触摸屏的各种缺陷，屏幕清晰且不容易被损坏，适于各种场合，缺点是屏幕表面如果有水滴和尘土会使触摸屏变得迟钝，甚至不能工作。

按照触摸屏的工作原理和传输信息的介质，我们把触摸屏分为四种，它们分别为电阻式、电容感应式、红外线式以及表面声波式。每一类触摸屏都有其各自的优缺点，要了解哪种触摸屏适用于哪种场合，关键就在于要懂得每一类触摸屏技术的工作原理和特点。下面对上述各种类型触摸屏进行简要介绍。

①电阻式触摸屏。

电阻式触摸屏是一种传感器，它将矩形区域中触摸点（X，Y）的物理位置转换为代表 X 坐标和 Y 坐标的电压。很多 LCD 模块都采用了电阻式触摸屏，这种屏幕可以用四线、五线、七线或八线来产生屏幕偏置电压，同时读回触摸点的电压。

电阻式触摸屏基本上是薄膜加上玻璃的结构，薄膜和玻璃相邻的一面上均涂有 ITO（Indium Tin Oxides，纳米铟锡金属氧化物）涂层，ITO 具有很好的导电性和透明性。当触摸操作时，薄膜下层的 ITO 会接触到玻璃上层的 ITO，经由感应器传出相应的电信号，经过转换电路送到处理器，通过运算转化为屏幕上的 X、Y 值，从而完成点选的动作，并呈现在屏幕上。

触摸屏包含上下叠合的两个透明层，四线和八线触摸屏由两层具有相同表面电阻的透明阻性材料组成，五线和七线触摸屏由一个阻性层和一个导电层组成，通常还要用一种弹性材料来将两层隔开。当触摸屏表面受到的压力（如通过笔尖或手指进行按压）足够大时，顶层与底层之间会产生接触。所有的电阻式触摸屏都采用分压器原理来产生代表 X 坐标和 Y 坐标的电压。如图 1-36 所示，分压器是通过将两个电阻进行串联来实现的。上面的电阻（R_1）连接正参考电压（V_{REF}），下面的电阻（R_2）接地。两个电阻连接点处的电压测量值与 R_2 的阻值成正比。

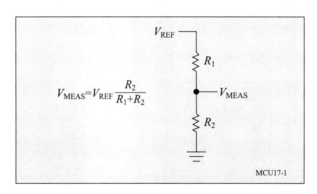

图 1-36　电阻式触摸屏的分压器原理

为了在电阻式触摸屏上的特定方向测量一个坐标，需要对一个阻性层进行偏置：将它的一边接 V_{REF}，另一边接地。同时，将未偏置的那一层连接到一个 ADC 的高阻抗输入端。当触摸屏上的压力足够大，使两层之间发生接触时，电阻性表面被分隔为两个电阻。它们的阻值与触摸点到偏置边缘的距离成正比。触摸点与接地边之间的电阻相当于分压器中下面的那个电阻。因此，在未偏置层上测得的电压与触摸点到接地边之间的距离成正比。

a. 四线触摸屏。

四线触摸屏包含两个阻性层。其中一层在屏幕的左右边缘各有一条垂直总线，另一层在屏幕的底部和顶部各有一条水平总线，如图 1-37 所示。为了能够在 X 轴方向进行测量，将左侧总线偏置为 0V，右侧总线偏置为 V_{REF}。将顶部或底部总线连接到 ADC，当顶层和底层相接触时即可做一次测量。

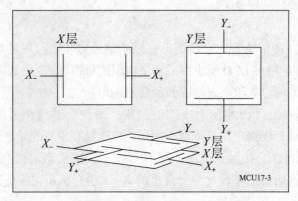

图 1-37　四线触摸屏结构图

为了能够在 Y 轴方向进行测量，将顶部总线偏置为 V_{REF}，底部总线偏置为 0V。将 ADC 输入端接左侧总线或右侧总线，当顶层与底层相接触时即可对电压进行测量。图 1-38 显示了四线触摸屏在两层相接触时的简化模型。对于四线触摸屏，最理想的连接方法是将偏置为 V_{REF} 的总线接 ADC 的正参考输入端，并将设置为 0V 的总线接 ADC 的负参考输入端。

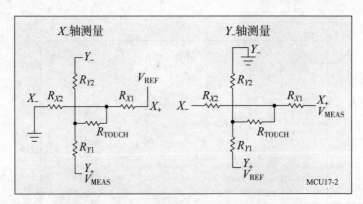

图 1-38　四线触摸屏在两层接触时的简化模型

　　b. 五线触摸屏。

　　五线触摸屏使用了一个阻性层和一个导电层。导电层有一个触点，通常在其一侧的边缘。阻性层的四个角上各有一个触点。为了在 X 轴方向进行测量，将左上角和左下角偏置到 V_{REF}，右上角和右下角接地。由于左、右角为同一电压，其效果与连接左右侧的总线差不多，类似于四线触摸屏中采用的方法。

　　为了沿 Y 轴方向进行测量，将左上角和右上角偏置为 V_{REF}，左下角和右下角偏置为 0V。由于上、下角分别为同一电压，其效果与连接顶部和底部边缘的总线大致相同，类似于在四线触摸屏中采用的方法。这种测量算法的优点在于它使左上角和右下角的电压保持不变；但如果采用栅格坐标，X 轴和 Y 轴需要反向。对于五线触摸屏，最佳的连接方法是将左上角（偏置为 V_{REF}）接 ADC 的正参考输入端，将左下角（偏置为 0V）接 ADC 的负参考输入端。

c. 七线触摸屏。

七线触摸屏的实现方法除了在左上角和右下角各增加一根线之外，与五线触摸屏相同。执行屏幕测量时，将左上角的一根线连到 V_{REF}，另一根线接 SAR ADC 的正参考端。同时，右下角的一根线接 0V，另一根线连接 SAR ADC 的负参考端。导电层仍用来测量分压器的电压。

d. 八线触摸屏。

除了在每条总线上各增加一根线之外，八线触摸屏的实现方法与四线触摸屏相同。对于 V_{REF} 总线，将一根线用来连接 V_{REF}，另一根线作为 SAR ADC 的数模转换器的正参考输入。对于 0V 总线，将一根线用来连接 0V，另一根线作为 SAR ADC 的数模转换器的负参考输入。未偏置层上的四根线中，任何一根都可用来测量分压器的电压。

e. 检测有无接触。

所有的触摸屏都能检测到是否有触摸发生，其方法是用一个弱上拉电阻将其中一层上拉，而用一个强下拉电阻来将另一层下拉。如果上拉层的测量电压大于某个逻辑阈值，即表明没有触摸，反之则有触摸。这种方法存在的问题在于触摸屏是一个巨大的电容器，此外还可能需要增加触摸屏引线的电容，以便滤除 LCD 引入的噪声。弱上拉电阻与大电容器相连会使上升时间变长，可能导致检测到虚假的触摸。

四线和八线触摸屏可以测量出接触电阻，即图 1–38 中的 R_{TOUCH}。R_{TOUCH} 与触摸压力近似成正比。要测量触摸压力，需要知道触摸屏中一层或两层的电阻。图 1–39 中的公式给出了计算方法。需要注意的是，如果 Z_1 的测量值接近或等于 0（在测量过程中当触摸点靠近接地的 X 总线时），计算将出现一些问题，通过采用弱上拉方法可以有效改善这个问题。

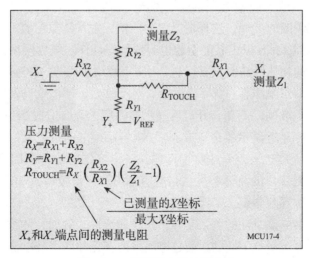

图 1–39　触摸压力的计算方法

电阻式触摸屏的优点是它的屏和控制系统都比较便宜，反应灵敏度也很好，而且不管是四线电阻触摸屏还是五线电阻触摸屏，它们都处在一种对外界完全隔离的工作环境中，不怕灰尘和水汽，能适应各种恶劣的环境。它可以用任何物体来触摸，稳定性能较好。其缺点是电阻触摸屏的外层薄膜容易被划伤导致触摸屏不可用，多层结构会导致很大的光损失，对于手持设备通常需要加大背光源来弥补透光性不好的问题，但这样也会增加电池的消耗。

②电容式触摸屏。

电容式触摸屏的构造主要是在玻璃屏幕上镀一层透明的薄膜体层，再在导体层外加上一块保护玻璃，双玻璃设计能彻底保护导体层及感应器。

电容式触摸屏在触摸屏四边均镀上狭长的电极，在导电体内形成一个低电压交流电场。在触摸屏幕时，由于人体电场，手指与导体层间会形成一个耦合电容，四边电极发出的电流会流向触点，而电流强弱与手指到电极的距离成正比，位于触摸屏幕后的控制器便会计算电流的比例及强弱，准确算出触摸点的位置。电容触摸屏的双玻璃不但能保护导体及感应器，更有效地防止外在环境因素对触摸屏造成影响，就算屏幕沾有污秽、尘埃或油渍，电容式触摸屏依然能准确算出触摸位置。

电容式触摸屏是在玻璃表面贴上一层透明的特殊金属导电物质。当手指触摸在金属层上时，触点的电容就会发生变化，使得与之相连的振荡器频率发生变化，通过测量频率变化可以确定触摸位置并获得信息。由于电容随温度、湿度或接地情况的不同而变化，故其稳定性较差，往往会产生漂移现象。

电容触摸屏的透光率和清晰度优于四线电阻屏，当然还不能和表面声波屏和五线电阻屏相比。电容屏反光严重，而且，电容技术的四层复合触摸屏对各波长光的透光率不均匀，存在色彩失真的问题，由于光线在各层间的反射，还造成图像字符的模糊。

电容屏在原理上把人体当作一个电容器元件的一个电极使用，当有导体靠近与夹层 ITO 工作面之间耦合出足够量容值的电容时，流走的电流就足够引起电容屏的误动作。

我们知道，电容值虽然与极间距离成反比，却与相对面积成正比，并且还与介质的绝缘系数有关。因此，当较大面积的手掌或手持的导体物靠近电容屏而不是触摸时就能引起电容屏的误动作，在潮湿的天气，这种情况尤为严重，手扶住显示器、手掌靠近显示器 7cm 以内或身体靠近显示器 15cm 以内就能引起电容屏的误动作。电容屏的另一个缺点是用戴手套的手或手持不导电的物体触摸时没有反应，这是因为增加了更为绝缘的介质。

电容屏更主要的缺点是漂移：当环境温度、湿度改变，环境电场发生改变时，都会引起电容屏的漂移，造成不准确。例如，开机后显示器温度上升会造成漂移；用户触摸屏幕的同时另一只手或身体一侧靠近显示器会造成漂移；电容触摸屏附近较大的物体搬移后会造成漂移，触摸时如果有他人围过来观看也会引起漂移、电容屏的漂移原因属于技术上的先天不足，环境电势面（包括用户的身体）虽然与电容触摸屏离得较远，却比手指头面积大得多，他们直接影响了触摸位置的测定。

此外，理论上许多应该线性的关系实际上却是非线性，例如，体重不同或者手指湿润程度不同的人吸走的总电流量是不同的，而总电流量的变化和四个分电流量的变化是非线性的关系，电容触摸屏采用的这种四个角的自定义极坐标系还没有坐标上的原点，漂移后控制器不能察觉和恢复，而且四个 A/D 完成后，由四个分流量的值到触摸点在直角坐标系上的 X、Y 坐标值的计算过程复杂。由于没有原点，电容屏的漂移是累积的，在工作现场也经常需要校准。电容触摸屏最外面的矽土保护玻璃的防刮擦性很好，但是怕指甲或硬物的敲击，敲出一个小洞就会伤及夹层ITO，不管是伤及夹层ITO还是安装运输过程中伤及内表面ITO层，电容屏就不能正常工作了。

③红外线式触摸屏。

红外线式触摸屏（以下简称红外触摸屏）是利用 X、Y 方向上密布的红外线矩阵来检测并定位用户的触摸。红外触摸屏在显示器的前面安装一个电路板外框，电路板在屏幕四边排布红外发射管和红外接收管，一一对应形成横竖交叉的红外线矩阵。用户在触摸屏幕时，手指就会挡住经过该位置的横竖两条红外线，因而可以判断出触摸点在屏幕的位置。任何触摸物体都可改变触点上的红外线而实现触摸屏操作。早期观念上，红外触摸屏存在分辨率低、触摸方式受限制和易受环境干扰而误动作等技术上的局限，因而一度淡出过市场。此后第二代红外触摸屏部分解决了抗光干扰的问题，第三代和第四代在提升分辨率和稳定性能上也有所改进，但都没有在关键指标或综合性能上有质的飞跃。但是，了解触摸屏技术的人都知道，红外触摸屏不受电流、电压和静电干扰，适宜恶劣的环境条件，红外线技术是触摸屏产品最终的发展趋势。采用声学和其他材料学技术的触摸屏都有其难以逾越的屏障，如单一传感器的受损、老化，触摸界面怕受污染、破坏性使用，维护繁杂等问题。红外线触摸屏只要真正实现了高稳定性能和高分辨率，必将替代其他技术产品而成为触摸屏市场主流。过去红外触摸屏的分辨率由框架中的红外对管数目决定，因此分辨率较低，市场上主要国内产品为 32×32、40×32，另外还有红外触摸屏对光照环境因素比较敏感，在光照变化较大时会误判甚至死机。而最新技术的第五代红外触摸屏的分辨率取决于红外对管数目、扫描频率以及差值算法，分辨率已经达到了 $1\,000 \times 720$，至于说红外触摸屏在光照条件下不稳定，从第二代红外触摸屏开始，就已经较好地克服了抗光干扰这个弱点。第五代红外触摸屏是全新一代的智能技术产品，它实现了 $1\,000 \times 720$ 高分辨率、多层次自调节和自恢复的硬件适应能力和高度智能化的判别、识别，可长时间在各种恶劣环境下任意使用。并且可针对用户定制扩充功能，如网络控制、声感应、人体接近感应、用户软件加密保护和红外数据传输等。原来媒体宣传红外触摸屏的另外一个主要缺点是抗暴性差，其实红外触摸屏完全可以选用任何客户认为满意的防暴玻璃而不会增加太多的成本和影响使用性能，这是其他触摸屏所无法效仿的。

④表面声波触摸屏。

表面声波是超声波的一种，是能在介质（如玻璃或金属等刚性材料）表面浅层传播的机械能量波。通过楔形三角基座（根据表面波的波长严格设计）可以做到定向、小角度的表面声波能量发射。表面声波性能稳定、易于分析，并且在横波传递过程中具有非常尖锐的频率特性，近年来在无损探伤、造影和退波器方向上应用发展很快，表面声波相关的理论研究、半导体材料、声导材料和检测技术等都已经相当成熟。表面声波触摸屏的触摸屏部分可以是一块平面、球面或是柱面的玻璃平板，安装在 CRT、LED、LCD 或是等离子显示器屏幕的前面。玻璃屏的左上角和右下角各固定了竖直和水平方向的超声波发射换能器，右上角则固定了两个相应的超声波接收换能器。玻璃屏的四个周边则刻有 45° 角由疏到密间隔非常精密的反射条纹。

以右下角的 X 轴发射换能器为例：发射换能器把控制器通过触摸屏电缆送来的电信号转

化为声波能量向左方表面传递，然后由玻璃板下边的一组精密反射条纹把声波能量反射成向上的均匀面传递，声波能量经过屏体表面，再由上边的反射条纹聚成向右的线传播给 X 轴的接收换能器，接收换能器将返回的表面声波能量变为电信号。当发射换能器发射一个窄脉冲后，声波能量历经不同途径到达接收换能器，走最右边的最早到达，走最左边的最晚到达，早到达的和晚到达的这些声波能量叠加成一个较宽的波形信号，不难看出，接收信号集合了所有在 X 轴方向历经长短不同路径回归的声波能量，它们在 Y 轴走过的路程是相同的，但在 X 轴上，最远的比最近的多走了两倍 X 轴最大距离。因此这个波形信号的时间轴反映各原始波形叠加前的位置，也就是 X 轴坐标。发射信号与接收信号波形在没有触摸的时候，接收信号的波形与参照波形完全一样。当手指或其他能够吸收或阻挡声波能量的物体触摸屏幕时，X 轴途经手指部位向上走的声波能量被部分吸收，反应在接收波形上即某一时刻位置上波形有一个衰减缺口。接收波形对应手指挡住部位信号衰减了一个缺口，计算缺口位置即得触摸坐标，控制器分析接收信号的衰减并由缺口的位置判定 X 坐标。之后 Y 轴用同样的过程判定出触摸点的 Y 坐标。除了一般触摸屏都能响应的 X、Y 坐标外，表面声波触摸屏还响应第三轴 Z 轴坐标，也就是能感知用户触摸压力大小值。其原理是由接收信号衰减处的衰减量计算得到。三轴一旦确定，控制器就把它们传给主机。

表面声波触摸屏抗刮伤性良好（相对于电阻和电容等有表面镀膜）；反应灵敏；不受温度、湿度等环境因素影响，分辨率高，寿命长（维护良好情况下 5 000 万次）；透光率高（92%），能保持清晰透亮的图像质量；没有漂移，只需安装时一次校正；有第三轴（即压力轴）响应，目前在公共场所使用较多。表面声波屏需要经常维护，因为灰尘，油污甚至饮料的液体沾污在屏的表面，都会阻塞触摸屏表面的导波槽，使波不能正常发射，或使波形改变而控制器无法正常识别，从而影响触摸屏的正常使用，用户需严格注意环境卫生。必须经常擦抹屏的表面以保持屏面的光洁，并定期做一次全面彻底的擦除。

（4）触摸屏发展趋势。

触摸屏起源于 20 世纪 70 年代，早期多被装于工控计算机、POS 机终端等工业或商用设备之中。2007 年 iPhone 手机的推出，成为触控行业发展的一个里程碑，触摸屏迅速扩展到手机、PDA、GPS（全球定位系统）、MP3，甚至平板电脑（UMPC）等大众消费电子领域。展望未来，触控操作简单、便捷，人性化的触摸屏有望成为人机互动的最佳界面。

目前的触控技术尚存在屏幕所使用的材源透光较差影响显示画面的清晰度，或者长期使用后出现坐标漂移、影响使用精度等问题。而且，全球主要触摸屏的生产大厂多集中在日、美、韩等国家以及我国台湾地区；其主要技术、关键零组件和原材料更是基本掌握在日、美厂商手中，中国大陆的触摸屏／触控面板产业还基本处于起步阶段。

（课后任务）

1. 简述工业计算机常见接口。
2. 简述数字量输入／输出设备参数。
3. 简述模拟量输入／输出设备参数。

任务三　工业计算机组装

学习目标

（1）了解工业计算机的组成部件。

（2）掌握工业计算机的组成步骤。

（3）学会构建工业计算机硬件系统。

工作任务

在本任务中，主要讲解了工业计算机的组成部件，要求读者掌握工业计算机的组成步骤，学会构建工业计算机硬件系统。

学习步骤

步骤一：工业计算机组装准备

（1）工业计算机组装前的准备工作。

在动手装机前，主要应做好以下工作。

1）准备工具。

准备一把磁性十字螺丝刀，一把磁性一字螺丝刀，另外为了方便安装，最好再准备一些常用的工具，如镊子、尖嘴钳和盛螺丝用的器皿、防静电环、防静电手套和万用表等，如图1-40～图1-46所示。装机工作台要宽阔，并有稳定的供电电源和足够的光源。

图1-40　十字螺丝刀

图1-41　一字螺丝刀

图1-42　镊子

图1-43　尖嘴钳

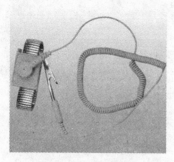
图 1-44　防静电环

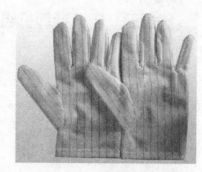
图 1-45　防静电手套

图 1-46　万用表

2）检查部件。

组装一台工业计算机应选购的主要部件有主板、CPU、内存、硬盘、光驱、显示卡、键盘、鼠标、显示器、机箱和电源等，还有连接光驱和硬盘的数据线，主机内部件如图 1-47 所示。

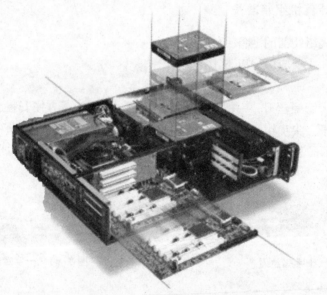

图 1-47　工业计算机主机内部件

（2）工业计算机组装注意事项。

在装机过程中，需要注意以下事项。

①去除静电。装机过程中要注意防止人体所带静电对电子器件造成的损伤。在动手之前要先去除好静电后再动手操作。消除方法：可以用手摸一摸自来水管等接地设备释放身体上的静电，如果有条件，可以佩带防静电环或防静电手套。

②电源线应最后连接。装机过程中不要连接电源线，严禁带电插拔，以免烧坏芯片和部件。

③连接部件接口，要注意安装方向，多数部件的接口是非对称的，因此连接方法仅有一种。

④拆除各个部件及连接线时,应小心操作,不要用力过大,以免拉断连线或损坏部件。

⑤对各个部件轻拿轻放,不要碰撞,尤其是硬盘。

⑥主板、光驱和硬盘等需要多个螺丝的硬件,应将其固定在机箱中,再对称将螺丝拧上,最后对称拧紧。安装主板的螺丝时一定要加上绝缘垫片,以防止主板与机箱接触,导致短路。

⑦在拧紧螺栓或螺帽时,要适度用力,并在开始遇到阻力时便立即停止。

⑧不要接触卡板上裸露的焊点。

⑨不要随便拆开贴有封条的组件,以防保修时的麻烦。

⑩机器安装完毕后,经仔细检查后,再通电测试。

步骤二:工业计算机组装过程

(1)安装前面板(见图1-48)。

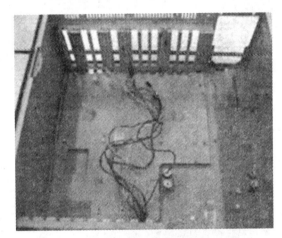

图1-48 安装前面板

(2)安装电源(见图1-49)。

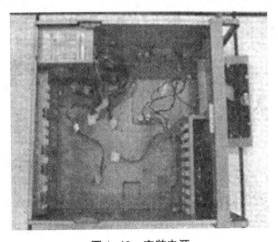

图1-49 安装电源

（3）安装存储设备（见图1-50）。

图1-50　安装存储设备

（4）安装无源底板（见图1-51）。

图1-51　安装无源底板

（5）安装CPU卡，连接各类总线和电源线（见图1-52和图1-53）。

图1-52　连接各类总线

图1-53　连接电源线

（6）安装完成后检查。

工业计算机安装完成后的效果如图1-54所示，此时，应核对所有的连接电缆和各个跳线设置是否正确。

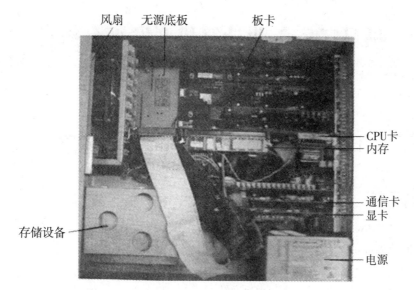

图 1-54　安装完成图

（课后任务）

1. 说出工业计算机组装常用工具。
2. 概述工业计算机的组成部件。
3. 概述工业计算机的组装步骤。

项目二 工业计算机开发平台搭建

任务一 Windows CE 系统的安装与设置

【学习目标】

（1）了解 Windows CE 系统的特点。

（2）掌握 Windows CE 系统安装步骤及要点。

（3）掌握 ActiveSync 同步软件的安装与使用。

（4）学会进行 Windows CE 系统设置。

（5）能根据开发需求合理地选择开发软件。

【工作任务】

本任务中，主要介绍了 Windows CE 系统的安装与初始设置等内容，为后面的软件开发提供开发环境。任务中我们需要掌握 Windows CE 系统的安装步骤及要点，并掌握 ActiveSync 同步软件的安装与使用。

【实训设备】

（1）一块嵌入式开发板。

（2）一台电脑。

【学习步骤】

步骤一：USB 驱动安装

首先我们将嵌入式开发板设置为 Nor Flash 启动，使用 USB/B 连接线连接到 PC 上，这时电脑提示"找到新的硬件向导"，如图 2-1 所示。

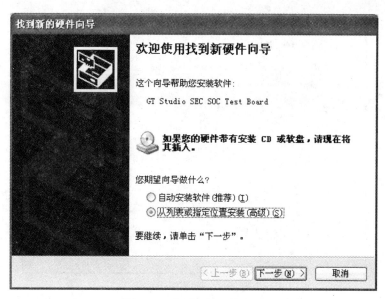

图 2-1 找到新的硬件向导

选择"从列表或指定位置安装（高级）"，单击"浏览"找到"USB 驱动文件 GT240RAM
光盘 \Windows 平台开发工具包 \usb 下载驱动"，如图 2-2 所示。

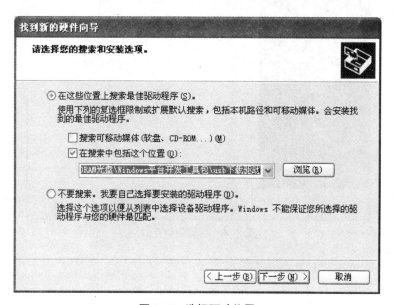

图 2-2 选择驱动位置

单击"下一步"按钮，安装过程如图 2-3 所示。

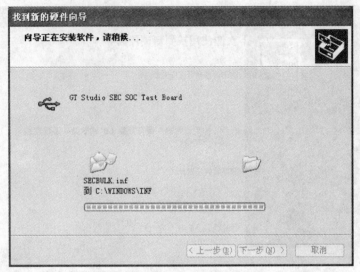

图 2-3 驱动安装过程

安装完成如图 2-4 所示。

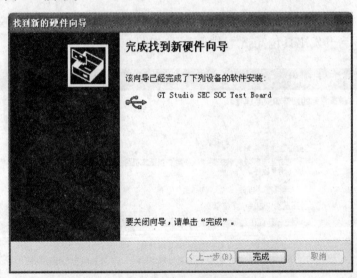

图 2-4 驱动安装完成

步骤二：Windows CE 系统安装

安装 Windows CE 所需要的二进制文件，3.5 英寸[①]屏位于光盘的 "\GT2440 烧录镜像 \LCD3.5\Windows CE 5.0" 目录中，4.3 英寸屏位于光盘的 "\GT2440 烧录镜像 \LCD4.3\ Windows CE 5.0" 目录中，7 英寸屏位于光盘的 "\GT2440 烧录镜像 \LCD7.0\Windows CE 5.0" 目录中。以下以 3.5 英寸屏为例，说明为 Windows CE 系统安装的完整步骤，用户可根据实际情况删减。安装 Windows CE 系统主要有以下步骤：

（1）格式化 Nand Flash。

---

① 1 英寸 =0.762 寸。

①注意: 格式化将会擦除 Nand Flash 里面的所有数据。

②说明: 由于安装 Windows CE 系统需要将 Nand Flash 前面一段空间标志为坏块区域, 因此重新安装 Windows CE 引导程序时需要将 Nand Flash 进行坏块擦除, 如果此时 Nand Flash 空间未被标志为坏块, 则可省略此步骤。连接好串口, 打开超级终端, 设置波特率为 115 200bps, 上电启动开发板, 进入 BIOS 功能菜单, 如图 2-5 所示。

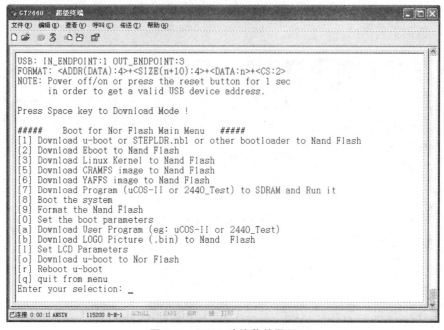

图 2-5　BIOS 功能菜单界面

③选择功能号 [9], 出现格式化选项, 如图 2-6 所示。

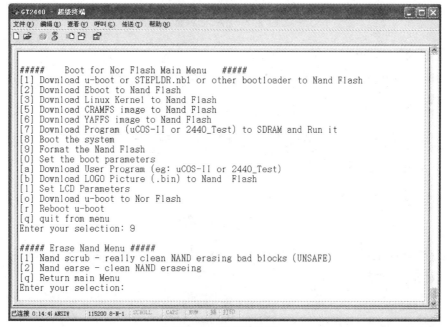

图 2-6　格式化选项

④选项说明。

[1]彻底格式化 Nand Flash（包括坏块在内，不是很安全的一种格式化方法），不过当烧写了 Windows CE 之后，再要重新烧写 Windows CE 引导程序，就需要使用该命令。

[2]普通格式化。

[q]返回上层菜单。

⑤选择功能号[1]，出现警告信息，输入"y"，完成格式化，如图 2-7 所示，选择功能号[q]，返回上层菜单。

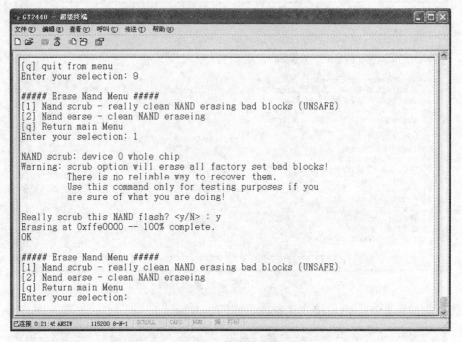

图 2-7　格式化界面

（2）安装 STEPLDR。

①打开 DNW 0.5L 程序，接上 USB 电缆，如果 DNW 标题栏提示[USB：OK]，说明 USB 连接成功，如图 2-8 所示。

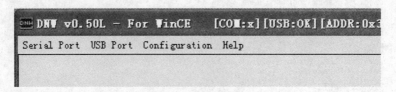

图 2-8　DNW 标题栏

②在超级终端里输入"1"，选择 BIOS 菜单功能号[1]进行 STEPLDR 下载，此时出现等待下载信息，如图 2-9 所示。

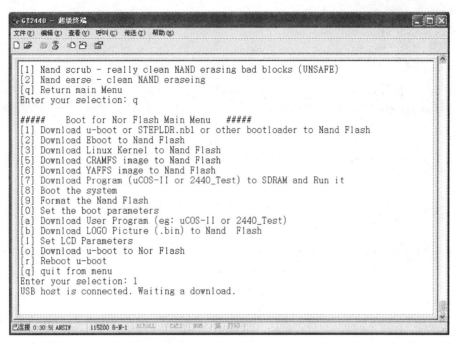

图 2-9　等待下载信息界面

③ 单击 DNW 0.5L 的 "USB Port->Transmit->Transmit" 选项，并选择打开文件 "STEPLDR.nb1"（该文件位于光盘的 "\GT2440 烧录镜像 \LCD3.5\Windows CE 5.0" 目录），开始下载，如图 2-10 所示。

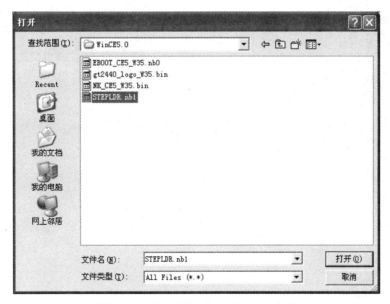

图 2-10　打开 "STEPLDR.nb1" 文件

④下载完毕，BIOS 会自动烧写 STEPLDR.nb1 到 Nand Flash 分区中，并返回到主菜单，如图 2-11 所示。

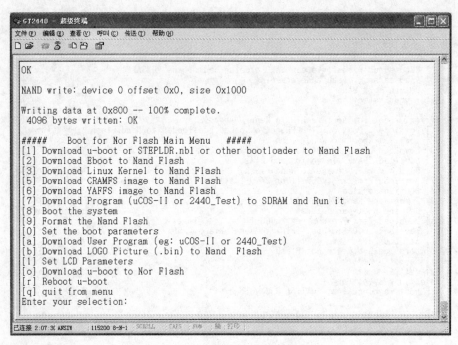

图 2-11　返回主菜单界面

（3）安装 EBOOT。

①在超级终端里输入"2"，选择 BIOS 菜单功能号［2］进行 EBOOT 下载，此时出现等待下载信息，如图 2-12 所示。

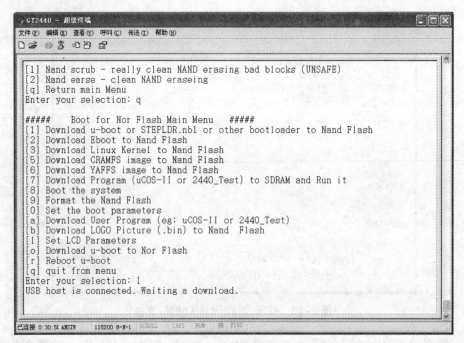

图 2-12　等待下载界面

②单击 DNW 0.5L 的"USB Port->Transmit->Transmit"选项，并选择打开文件"EBOOT_

CE5_W35.nb0"（该文件位于光盘的"\GT2440 烧录镜像 \LCD3.5\Windows CE 5.0"目录），开始下载，如图 2-13 所示。

图 2-13　打开"EBOOT_CE5_W35.nbo"文件

③下载完毕，BIOS 会自动烧写 EBOOT_CE5_W35.nb0 到 Nand Flash 分区中，并返回到主菜单，如图 2-14 所示。

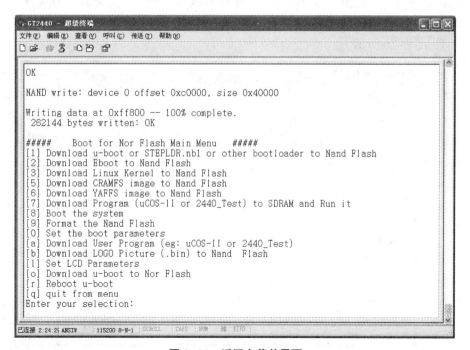

图 2-14　返回主菜单界面

（4）下载开机画面。

①在 BIOS 主菜单中选择功能号［b］，开始下载开机画面，如图 2-15 所示。

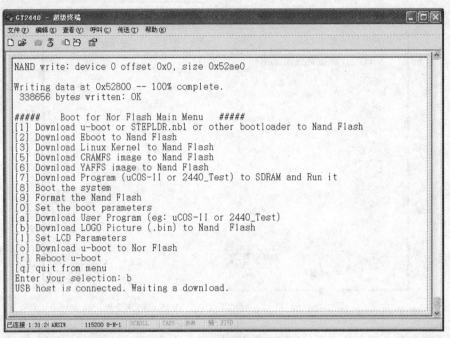

图 2-15　下载开机画面界面

②单击 DNW 0.5L 的 "USB Port–>Transmit–>Transmit" 选项，并选择打开文件 "gt2440_logo_W35.bin"（该文件位于光盘的 "\GT2440 烧录镜像 \LCD3.5\Windows CE 5.0" 目录），开始下载，如图 2-16 所示。

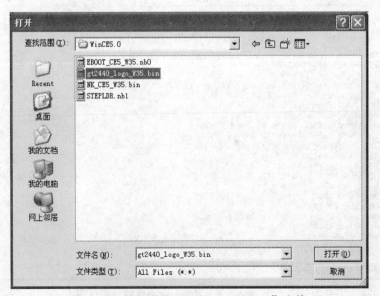

图 2-16　打开 "gt2440_logo_W35.bin" 文件

③下载完毕，BIOS 会自动烧写 "gt2440_logo_W35.bin" 到 Nand Flash 分区中，并返回

到主菜单，如图 2-17 所示。

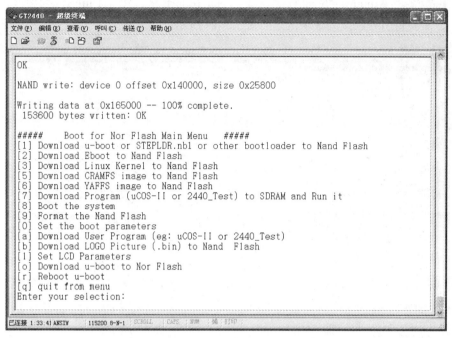

图 2-17 返回主菜单界面

（5）安装 Window CE 内核映象。

注意：把开发板设置为 Nand Flash 启动。

①在超级终端下按住键盘的空格键，重启开发板，出现EBOOT的下载画面，如图2-18所示。

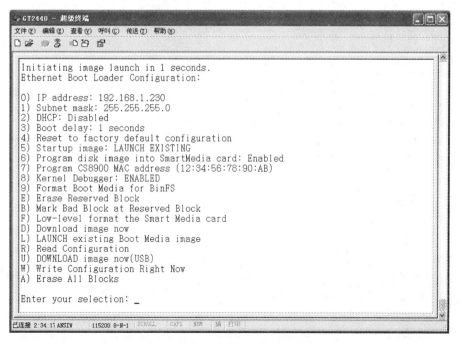

图 2-18 EBOOT 下载画面界面

②选择 EBOOT 菜单功能号［B］，将 STEPLDR、EBOOT 和开机画面所在区域设置为坏块区（由于安装 Windows CE 过程中需要把 Nand Flash 格式化为 BinFS，为了保护引导区不受破坏，需要将引导区设为坏块区），如图 2-19 所示。

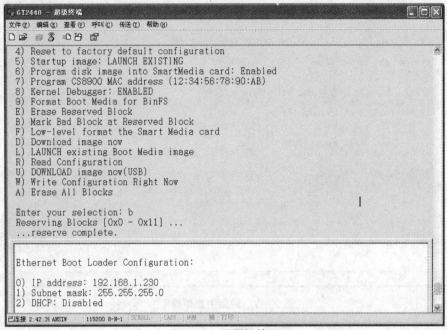

图 2-19　设置坏块区

③选择 EBOOT 菜单功能号［U］，进行 Windows CE 内核下载，此时出现等待下载信息，如图 2-20 所示。

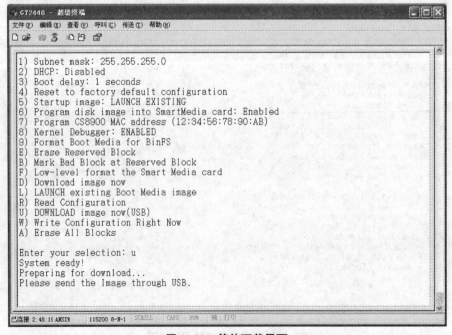

图 2-20　等待下载界面

④单击 DNW 0.5L 的 "USB Port–>UBOOT(WINCE500)–>UBOOT" 选项，并选择打开文件 "NK_CE5_W35.bin"（该文件位于光盘的 "\GT2440 烧录镜像 \LCD3.5\Windows CE 5.0" 目录），开始下载，如图 2-21 所示。

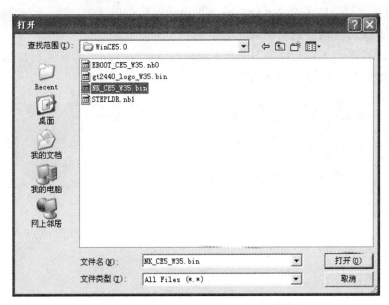

图 2-21 选择 "NK_CE5_W35.bin" 文件

由于烧写 Windows CE 镜像过程中需要对 Nand Flash 进行擦除和读写校验测试，这个过程很漫长，芯片容量越大则时间越长，256MB 的 Nand Flash 大概需要 12min，需要耐心等待（如需节省时间，可先选择 EBOOT 菜单的［9］选项），如图 2-22 所示。

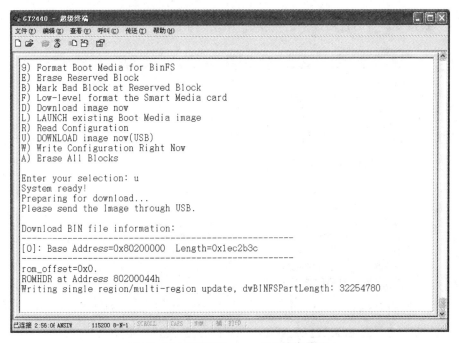

图 2-22 烧写 Windows CE 镜像界面

烧写完成后，系统将自动启动 Windows CE 系统。此期间不可断电或重启开发板。

步骤三：使用 ActiveSync 与 PC 同步通信

（1）使用微软提供的工具 ActiveSync，可以让 GT2440 与 PC 之间十分方便地进行通信连接，从而实现文件上传、远程调试等功能。

在"Windows 平台工具"目录中选择"ActiveSync"文件夹，双击运行"ActiveSync_4.1_setup.exe"开始安装，如图 2-23 所示。

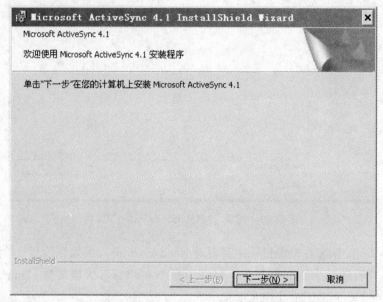

图 2-23　安装"ActiveSync_4.1_setup.exe"

选择"我接受该许可证协议中的条款"，单击"下一步"按钮继续，如图 2-24 所示。

图 2-24　接受许可证协议中的条款

输入用户姓名和单位，单击"下一步"按钮继续，如图 2-25 所示。

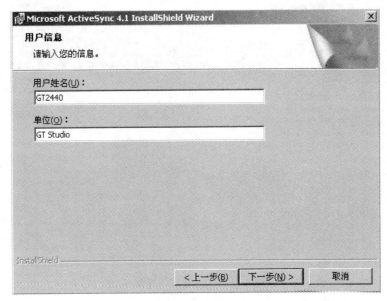

图 2-25　输入用户姓名和单位

选择要安装的目的路径，这里使用缺省值，单击"下一步"按钮继续，如图 2-26 所示。

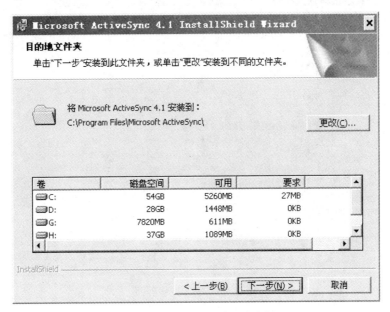

图 2-26　选择安装的目的路径

出现如图 2-27 所示界面，单击"安装"按钮，开始进行安装。

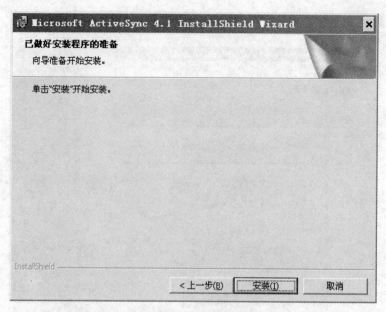

图 2-27　准备安装界面

出现安装过程界面，如图 2-28 所示。

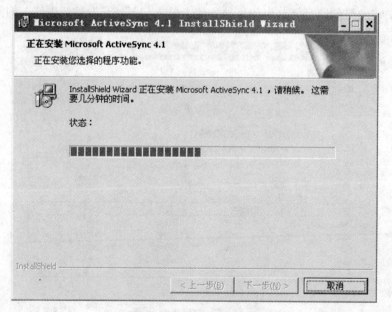

图 2-28　安装过程界面

安装完毕，单击"完成"按钮，安装完毕，如图 2-29 所示。

图 2-29 安装完成界面

这时会自动运行"ActiveSync",单击"取消"按钮,同时在任务栏出现相应的图标托盘,如图 2-30、图 2-31 所示。

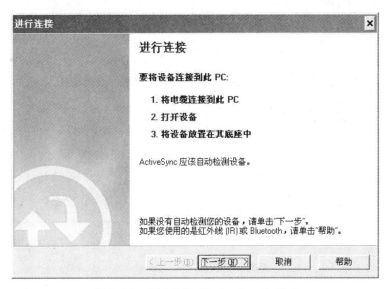

图 2-30 自动运行"ActiveSync"界面

ActiveSync图标

图 2-31 任务栏的图标托盘

（2）为同步通信安装 USB 驱动。

当确认已经烧写好了我们提供的 Windows CE 映象文件时，可开机运行系统，接上 USB 电缆，并与 PC 连接，计算机会出现"发现新硬件"的提示，如果已经根据上一节安装好 ActiveSync 工具，系统则会自己安装相应的驱动程序。

此时打开计算机的设备管理程序，出现如图 2-32 所示设备。

图 2-32　设备管理程序界面

同时 ActiveSync 会自动跳出运行，如果对使用 ActiveSync 还不熟悉，请单击"取消"按钮。安装完成后即可建立合作关系，如图 2-33 所示。

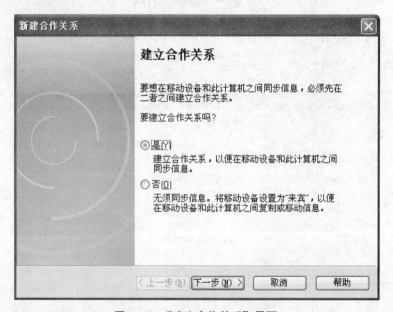

图 2-33　"建立合作关系"界面

（课后任务）

1. 简述 Windows CE 系统的特点。

2. 简述 Windows CE 系统的安装步骤。

3. 使用 ActiveSync 软件实现嵌入式开发板同步。

任务二 Windows XP 系统的安装与设置

学习目标

（1）了解 Windows XP 系统的发展。
（2）了解 Windows XP 系统的特点。
（3）掌握 Windows XP 系统安装步骤及要点。
（4）学会进行 Windows XP 系统安装。
（5）能根据开发需求合理地选择开发软件。

工作任务

本任务中，主要介绍了 Windows XP 系统的安装与初始设置等内容，为后面的软件开发提供开发环境。需要读者掌握 Windows XP 系统的安装要领，从而学会安装操作系统。

学习步骤

步骤一：认识操作系统

1. 操作系统的简介

计算机系统是由硬件和软件组成的，缺了任何一部分都不能运行。计算机的工作，都是依靠操作系统来完成的。最初的计算机没有操作系统，只能通过各种操作按钮来控制计算机，后来出现了汇编语言，操作人员通过有孔的纸将程序输入计算机进行编译。但是这种处理方法不利于操作，于是又出现了操作系统，它可以实现对软件资源和计算机硬件资源的管理。

最初的操作系统出现在 IBM/740 大型机上，而微型计算机的操作系统则诞生于 20 世纪 70 年代。

计算机的操作系统经历了两个发展阶段：第一个阶段为单用户、单任务的操作系统，继 CP/M 操作系统之后，还出现了 C-DOS、M-DOS、S-DOS 和 MS-DOS 等磁盘操作系统。

计算机操作系统发展的第二个阶段是多用户、多道作业和分时系统，具有代表性的是 UNIX、XENIX、OS/2 和 Windows 操作系统。

分时的多用户、多任务、树形结构的文件系统以及重定向和管道是 UNIX 的三大特点。

OS/2 采用图形界面，它本身是一个 32 位的系统，不仅可以处理 32 位 OS/2 系统的应用软件，也可以运行 16 位的 DOS 和 Windows 软件。它具有多任务管理、图形窗口管理、通信管理和数据库管理的功能。

Windows 是微软公司在 1985 年 11 月发布的第一代窗口式多任务操作系统，它使计算机开始进入了所谓的图形用户界面时代。1995 年以前的 Windows 都是由 DOS 引导的，也就是说它们还不是一个完全独立的系统，而 1995 年推出的 Windows 95 是一个完全独立的系统，且在很多方面做了改进，集成了网络功能和即插即用功能，是全新的 32 位的操作系统。1998 年微软公司又推出了 Windows 98，它很好地整合了 Internet 浏览器技术，使得访问 Internet 资源更加方便，后来推出的 Windows Me/2000/NT/XP/Vista 等都相继成为风靡全球的操作系统。

Linux 是目前全球最大的一个自由软件，是一种类似于 UNIX 的系统，具有许多 UNIX 系统的功能和特点，其源代码免费开放。它具有很多优点，如支持多用户、多任务，具有良好的界面、丰富的网络功能、可靠的安全稳定性及支持多种平台等。

2. 操作系统的功能

操作系统是用于管理计算机资源，合理组织计算机的工作流程，协调计算机系统各部分之间、系统与用户之间、用户与用户之间关系的一组程序。其基本功能包括以下五点：

（1）处理机管理。

（2）存储管理。

（3）设备管理。

（4）文件管理。

（5）作业管理。

步骤二：安装 Windows XP 系统

1. 安装前的准备工作

在安装之前需要依次做好如下准备工作：

（1）对于新组装的工业计算机，确认已正确完成硬件组装工作及 BIOS 设置、分区和格式化等工作（其中分区和格式化也可在安装系统过程中完成）。

（2）对于正在使用的工业计算机，确认已对原系统中必要的数据进行妥善备份。

（3）每一类型的操作系统都有多种版本，安装前应明确自己所要安装的操作系统类型和版本，并准备好相应的安装软件。

（4）安装操作系统是一个全面的工作，在安装操作系统完成后，还应该完成安装显卡、声卡、网卡以及打印机等设备驱动程序的工作，所以事先还应准备好相应外设的驱动程序。

（5）记录 Windows 产品的安装序列号，通常在产品附件上查找此序列号，以便系统提示输入时，能够及时输入。

2. 操作系统的常用安装方法

安装操作系统的方法有多种，常用的方法有：

（1）直接用系统安装光盘引导系统，接着进行系统安装。

（2）通过低版本操作系统升级至需要的高版本操作系统。

3. 具体安装步骤

（1）开启计算机，在自检过程中根据屏幕提示按键进入 BIOS，在 "Advanced BIOS Features" 选项中将其中的第一启动设备设置为 "CD-ROM"，保存结果后重新启动计算机。

（2）插入安装光盘，如图 2-34 所示。

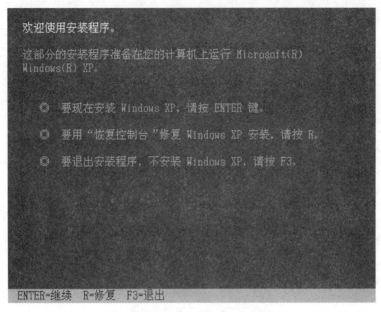

图 2-34　提示信息与欢迎界面

（3）弹出 Windows XP 许可协议对话框，按下【F8】键，再单击"下一步"按钮，如图 2-35 所示。

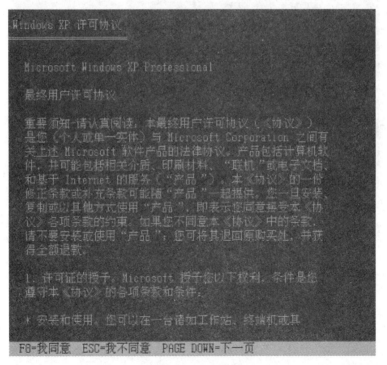

图 2-35　许可协议

（4）然后，弹出输入 Windows XP 密钥（序列号）对话框，如图 2-36 所示，输入序列号，单击"下一步"按钮。

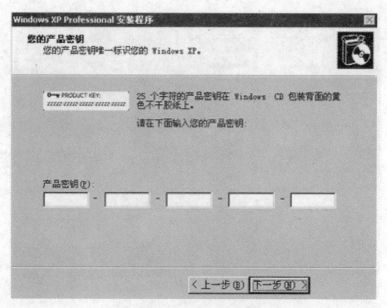

图 2-36　输入序列号界面

（5）接着，弹出安装选项对话框，设置后单击"下一步"按钮，如图 2-37 所示。

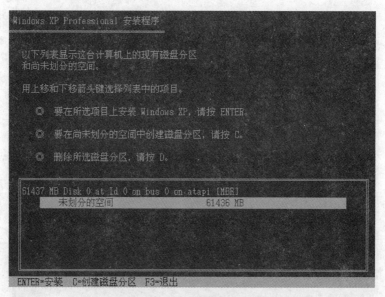

图 2-37　硬盘分区信息界面

（6）然后，安装程序进入安装目录选择窗口，确定需要安装的盘符，如果想直接安装在现有的磁盘分区，直接选择磁盘分区，按【Enter】键。如果硬盘尚未划分，想要划分磁盘分区来安装 Windows XP，按【C】键，输入创建磁盘分区大小，如图 2-38 所示。分区创建好后，就可以选择分区安装系统了，如图 2-39 所示。如果想删除显示的磁盘分区，选择后按【D】键即可。

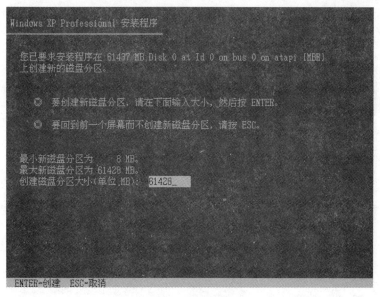

图 2-38　创建磁盘分区

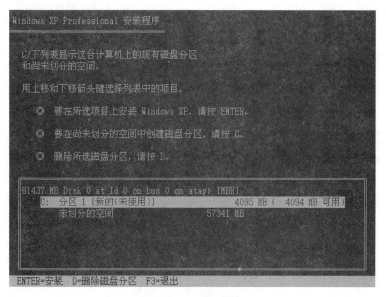

图 2-39　选择分区

（7）再然后，程序进入下一个窗口，提示选择文件系统的格式，选择"用 NTFS 文件系统格式化磁盘分区"，按【Enter】键即可，如图 2-40 所示。

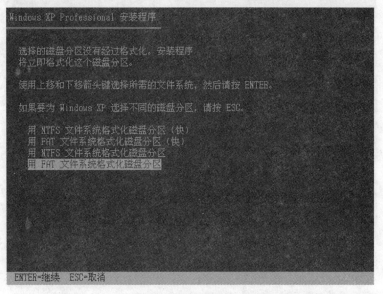

图 2-40　选择画面

（8）接着，安装程序进行磁盘格式化，如图 2-41 和图 2-42 所示。

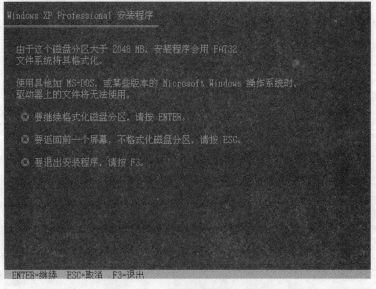

图 2-41　确认继续格式化界面

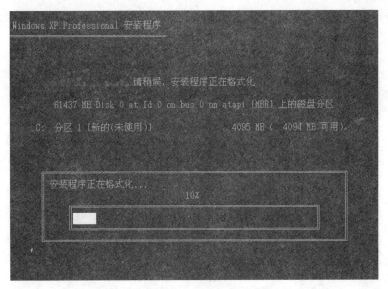

图 2-42　格式化界面

（9）接下来，安装程序自动将文件复制到 Windows XP 安装文件夹中，显示复制文件的进度，等待一段时间后，文件复制完毕，如图 2-43 所示。

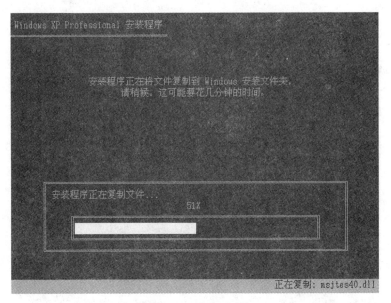

图 2-43　复制文件

（10）文件复制完毕后，计算机会重新启动一次，重新启动后进行检测，接着进行 Windows XP 有关设置，如图 2-44 ~ 图 2-46 所示。

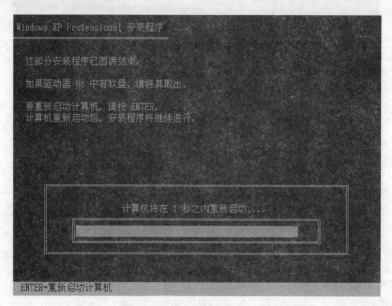

图 2-44　重新启动界面（一）

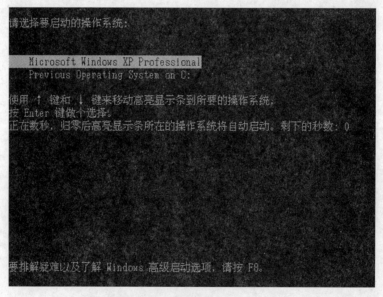

图 2-45　重新启动界面（二）

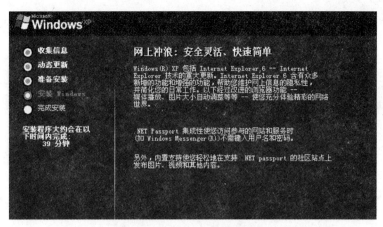

图 2-46 重新启动界面（三）

（11）选择"区域和语言"，选"中国"和"中文"，如图 2-47 所示。

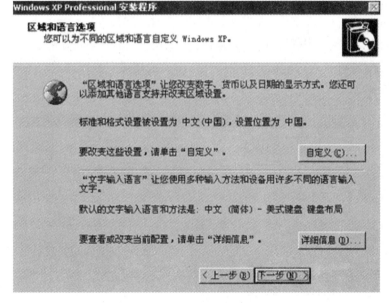

图 2-47 选择区域和语言

（12）安装程序进入一个要求输入姓名及公司或单位名称的窗口，如图 2-48 所示。

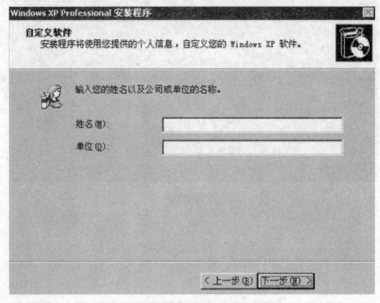

图 2-48　自定义软件

（13）输入计算机名（用于在网络上标识计算机）和系统管理员密码。Windows XP 正常启动时不使用管理员登录，只在"安全模式"时才使用（安全模式只有系统管理员才可以登录），如图 2-49 所示。

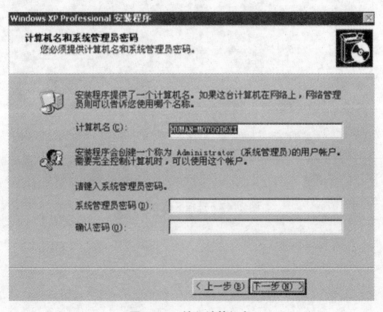

图 2-49　输入计算机名

（14）"日期和时间"设置，下拉选框是选时区，在中国应选"（GMT+08：00）北京，重庆，香港特别行政区，乌鲁木齐"，如图 2-50 所示。

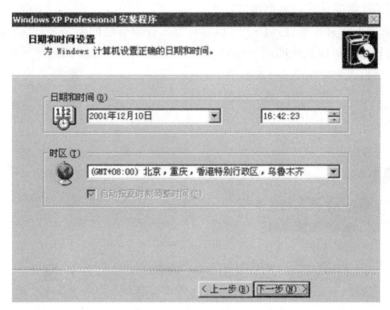

图 2-50　设置日期和时间

（15）安装网络的过程中，将出现"网络设置"窗口，如图 2-51 所示。

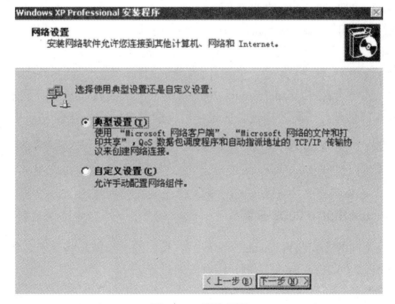

图 2-51　网络设置

（16）在这个设置框中有两个选项，如果确定需要特殊的网络配置，可以选择"自定义设置（C）"选项进行设置，默认情况下建议选择"典型设置（T）"选项，单击"下一步（N）"按钮后出现"工作组或计算机域"窗口。

（17）如果当前计算机不在网络上，或者计算机在没有域的网络上，或者想稍后再进行相关的网络设置，则选择默认的第一选项，如图 2-51 所示。如果是网络管理员，并需要立即配置这台计算机成为域成员，则选择第二选项。选择完成之后，单击"下一步（N）"按钮，系统将完成网络设置，并出现"显示设置"窗口。

（18）单击"确定"按钮，将出现 Windows XP Professional 的桌面，此时完成操作系统的安装。

（课后任务）

1. 进行 Windows XP 系统的安装。
2. 概述 Windows XP 安装要领。

任务三　Visual Studio 软件的安装与设置

（学习目标）

（1）了解 Visual Studio 发展历史。
（2）掌握 Visual Studio 2005 软件的安装。
（3）会进行 Visual Studio 2005 软件的设置。

（工作任务）

本任务中，主要介绍了 Visual Studio 2005 软件的安装及基本设置，同对 Visual Studio 软件的一些基本信息进行了简要描述，通过学习，读者可以初步掌握 Visual Studio 2005 编程方法，为下面的基于 C# 控制系统应用项目开发打下基础。

（学习步骤）

步骤一：Visual Studio 2005 安装

当读者通过不同的方式获得 Visual Studio 后，首要的工作就是将其安装到计算机中。本书以 Visual Studio 2005 Team Suite 为例介绍其安装过程。

（1）将获得的 Visual Studio 2005 光盘放入光盘驱动器，屏幕上将会弹出如图 2-52 所示的对话框。

图 2-52　Visual Studio 安装界面（一）

（2）单击"安装 Visual Studio 2005"链接，进入下一步安装，如图 2-53 所示。此处可以选择是否参加微软的帮助改进安装活动，读者可以根据自己的意愿选择是否参加。

图 2-53　Visual Studio 安装界面（二）

（3）单击"下一步"按钮，进入下一步安装，如图 2-54 所示。这个窗体中包含最终用户许可协议，读者需要同意其所有条款才能继续下一步安装。界面的右下方分别是产品密钥和名称的输入框，需输入相应信息。

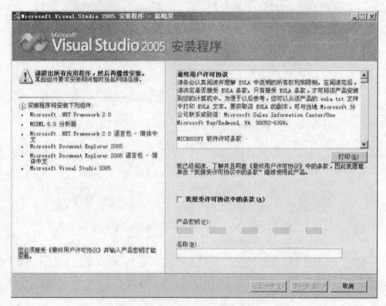

图 2-54　Visual Studio 安装界面（三）

（4）单击"下一步"按钮，出现如下提示框，如图 2-55 所示。由于本书选用的是 Visual Studio 2005 试用版，因此会出现上述提示。根据读者选用 Visual Studio 2005 版本的不同，此处可能有不同的窗体出现或不出现此窗体。

图 2-55　Visual Studio 安装界面（四）

（5）单击"确定"按钮，进入下一步安装，如图 2-56 所示。

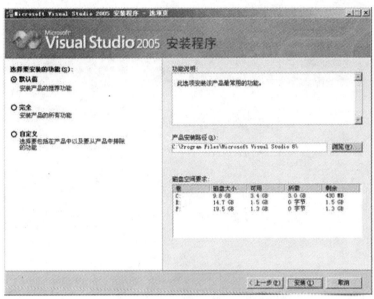

图 2-56　Visual Studio 安装界面（五）

此处出现的窗体右侧中部可以修改产品安装路径，读者可以根据右下方磁盘空间的提示选择合适的安装位置。对于 Visual Studio 功能比较熟悉的读者可以在窗体左侧选择自定义安装，自己取舍程序的功能，如图 2-57 ~ 图 2-59 所示。对于广大的初学者来说，选取默认值安装是比较合适的选择。

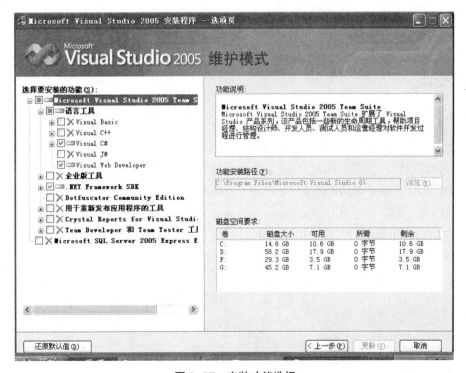

图 2-57　安装功能选择

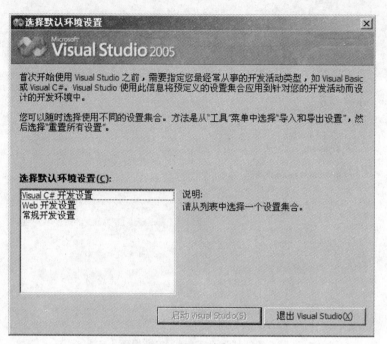

图 2-58 启动软件（一）

图 2-59 启动软件（二）

单击"安装"按钮，安装程序将进入一个漫长的安装过程。安装完毕后可以选择继续 MSDN 的安装。

步骤二：MSDN 安装

MSDN 是微软的产品文档，该文档对开发人员具有十分重要的意义。通常进行程序开发的用户都会选择配套安装 Visual Studio 2005 和 MSDN。

MSDN 是 Microsoft Software Developer Network 的简称，这是微软针对广大开发人员的一项开发计划。读者可以登录 http://msdn.microsoft.com 看到有关软件开发的资料。在 Visual Studio 2005 Team Suite 中包括 MSDN Library 的安装，其中还包括 C# 的帮助文件和许多与开发相关的技术文献。MSDN Library 每个季度更新一次，开发人员可以向微软订阅更新光盘。

（1）进入 MSDN 的安装界面，如图 2-60 所示。

（2）单击图 2-60 中的"下一步"按钮，进入下一步安装界面，如图 2-61 所示。

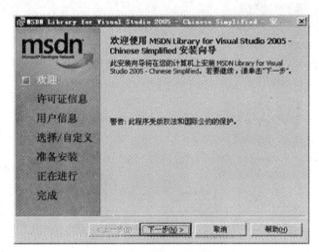

图 2-60 MSDN 安装界面（一）

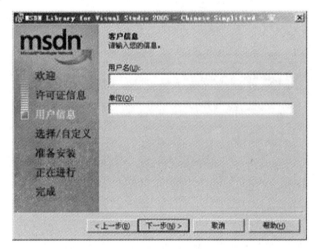

图 2-61 MSDN 安装界面（二）

（3）在此界面中输入读者的用户名和单位名称，单击"下一步"按钮，进入下一步安装界面，如图 2-62 所示。

图 2-62　MSDN 安装界面（三）

（4）建议初学者此处选择完全安装，熟悉 MSDN 的读者可以选择自定义安装。单击"下一步"按钮，进入下一步安装界面，如图 2-63 所示。

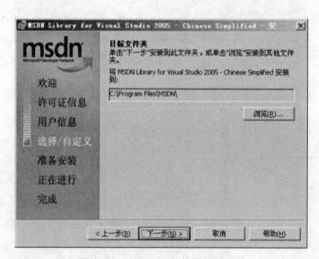

图 2-63　MSDN 安装界面（四）

（5）此处可以更改 MSDN 的安装位置。由于完全安装占用空间比较大，建议选择安装到磁盘空间较为空闲的分区中。单击"下一步"按钮，进入下一步安装界面，如图 2-64 所示。

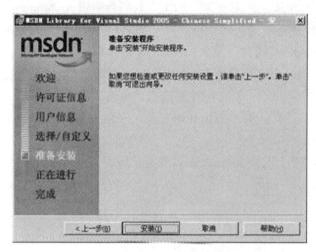

图 2-64　MSDN 安装界面（五）

所有的设置已经结束，此处单击"安装"按钮，将进入一个漫长的安装过程。安装完毕后，整个安装工作就告一段落。

步骤三：安装 Internet 信息服务（IIS）

（1）在 Windows 2000 上安装 Internet 信息服务。

在"开始"菜单上选择"运行"。在"打开"对话框中键入"appwiz.cpl"，然后单击"确定"按钮，打开"添加 / 删除程序"对话框；也可以从"控制面板"中访问此对话框。在"添加 / 删除程序"对话框中，选择对话框左侧的"添加 / 删除 Windows 组件"。在"Windows 组件向导"中，选中"Internet 信息服务（IIS）"。选择"下一步"开始安装 IIS。当安装完成时，单击"完成"按钮。关闭"添加 / 删除程序"对话框。

（2）在 Windows XP 上安装 Internet 信息服务。

该安装方法同第（1）步骤。

（3）在 Windows Server 2003 上安装 Internet 信息服务。

在"开始"菜单上单击"运行"。在"打开"对话框中键入"appwiz.cpl"，然后单击"确定"按钮即会出现"添加 / 删除程序"对话框；也可以从"控制面板"中访问此对话框。单击"添加 / 删除 Windows 组件"选项，将出现 Windows 组件向导。在"组件"中选中"应用程序服务器"复选框，然后单击"详细信息"按钮。注意：如果没有将驱动器转换为 NTFS，将收到警告信息。

在"应用程序服务器"对话框中，选中"ASP .NET"复选框，注意：不要单击"确定"按钮。选中"Internet 信息服务（IIS）"复选框，然后单击"详细信息"按钮。在"Internet 信息服务（IIS）"对话框中，选中"FrontPage 2002 服务器扩展"复选框，然后单击"确定"按钮。在"应用程序服务器"对话框中单击"确定"按钮。在"Windows 组件向导"中单击"下一步"按钮，开始安装所需的组件。注意：需要准备好 Windows Server 2003 CD。安装完成后，单击"完成"按钮。关闭"添加 / 删除程序"对话框。

（4）在 Windows 2000 上安装 FrontPage 服务器扩展。

在"开始"菜单上选择"运行"。在"打开"对话框中键入"appwiz.cpl"，然后单击"确定"按钮打开"添加 / 删除程序"对话框。在"添加 / 删除程序"对话框中，选择对话框左侧的"添加 / 删除 Windows 组件"。在"Windows 组件向导"中，选择"Internet 信息服务（IIS）"。如果已选定"Internet 信息服务（IIS）"，请选择"详细信息"按钮。如果尚未选定"FrontPage 2000 服务器扩展"，请选中此复选框。单击"确定"按钮，关闭"Internet 信息服务（IIS）"框。单击"下一步"按钮开始安装。安装完成后，单击"完成"按钮以关闭"Windows 组件向导"。

（5）在 Windows XP 上安装 FrontPage 服务器扩展。

该安装方法同第（4）步骤。

【课后任务】

（1）简述 Visual Studio 2005 安装步骤。

（2）进行基于 C# 简单显示程序编写。

任务四　MCGS 组态软件的安装与设置

【学习目标】

（1）了解 MCGS 发展前景。

（2）掌握 MCGS 组态软件的安装。

（3）会进行 MCGS 组态软件的设置。

【工作任务】

本任务中，主要介绍了 MCGS 组态软件的安装及基本设置，通过对该任务的学习，读者应该对 MCGS 组态软件的一些基本信息有所了解，初步掌握 MCGS 组态软件的使用方法，为接下来的组态基于组态软件的工业计算机应用项目开发打下基础。

【学习步骤】

步骤一：MCGS 组态软件的安装要求

MCGS（Monitor and Control Generated System，通用监控系统）是一套用于快速构造和生成计算机监控系统的组态软件，它能够在基于 Microsoft（各种 32 位 Windows 平台上）运行，通过对现场数据的采集处理，以动画显示、报警处理、流程控制、实时曲线、历史曲线和报表输出等多种方式向用户提供解决实际工程问题的方案，它充分利用了 Windows 图形功能完备、界面一致性好以及易学易用的特点，比以往使用专用机开发的工业控制系统更具有通用性，在自动化领域有着更广泛的应用。

　　MCGS 系统要求在 IBM PC486 以上的微型机或兼容机上运行，以 Microsoft 的 Windows 95/98/Me/NT 或 Windows 2000 为操作系统。MCGS 组态软件的设计目标是瞄准高档 PC 机和高档操作系统，充分利用高档 PC 兼容机的低价格、高性能来为工业应用级的用户提供安全可靠的服务。

　　计算机的推荐配置是：

　　CPU：使用相当于 Intel 公司的 Pentium 233 或以上级别的 CPU；

　　内存：当使用 Windows 9X 操作系统时内存应在 32MB 以上；当选用 Windows NT 操作系统时，系统内存应在 64MB 以上；当选用 Windows 2000 操作系统时，系统内存应 128MB 以上；

　　显卡：Windows 系统兼容，含有 1MB 以上的显示内存，可工作于 800×600 分辨率，65 535 色模式下；

　　硬盘：MCGS 5-5 通用版组态软件占用的硬盘空间约为 80MB。

步骤二：MCGS 组态软件的安装

　　MCGS 组态软件是专为标准 Microsoft Windows 系统设计的 32 位应用软件。因此，它必须运行在 Microsoft Windows 95、Windows NT 4.0 或以上版本的 32 位操作系统中。推荐使用中文 Windows 98、中文 Windows NT 4.0 或以上版本的操作系统。安装 MCGS 组态软件之前，必须安装好中文 Windows 95 或中文 Windows NT 4.0，详细的安装指导请参见相关软件的软件手册。

　　MCGS 组态软件的安装盘只有一张光盘。具体安装步骤如下：

　　（1）启动 Windows；在相应的驱动器中插入光盘，插入光盘后会自动弹出 MCGS 安装程序窗口（如没有窗口弹出，则从 Windows 的"开始"菜单中，选择"运行 ..."命令，运行光盘中"AutoRun.exe"文件），MCGS 安装程序窗口如图 2-65 所示。

图 2-65　MCGS 安装界面（一）

　　（2）在安装程序窗口中选择"安装 MCGS 组态软件通用版"，启动安装程序开始安装；随后，安装程序将提示用户指定安装目录，用户不指定时，系统缺省安装到"D:\MCGS"

目录下，如图 2-66 所示。

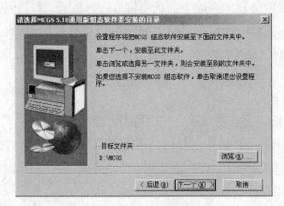

图 2-66　MCGS 安装界面（二）

（3）安装过程大约要持续数分钟；MCGS 系统文件安装完成后，安装程序要建立象标群组和安装数据库引擎，这一过程可能持续几分钟，需耐心等待。

（4）安装过程完成后，安装程序将弹出"安装完成"对话框，上面有两个复选框，"是，我现在要重新启动计算机"和"不，我将稍后重新启动计算机"。一般在计算机上初次安装时需要选择重新启动计算机，如图 2-67 所示，单击"结束"按钮，操作系统重新启动，完成安装。如果选择"不，我将稍后重新启动计算机"，单击"结束"按钮，系统将弹出警告提示，提醒"请重新启动计算机后再运行 MCGS 组态软件"。

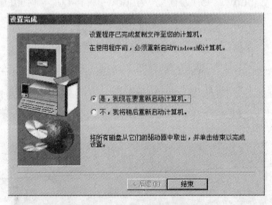

图 2-67　MCGS 安装界面（三）

（5）安装完成后，Windows 操作系统的桌面上添加了如图 2-68 所示的两个图标，分别用于启动 MCGS 组态环境和运行环境。

图 2-68　MCGS 桌面图标

同时，Windows 开始菜单中也添加了相应的 MCGS 程序组，如图 2-69 所示；MCGS 程序组包括五项：MCGS 组态环境、MCGS 运行环境、MCGS 电子文档、MCGS 自述文件以及卸载 MCGS 组态软件。运行环境和组态环境为软件的主体程序，自述文件描述了软件发行时的最后信息，MCGS 电子文档则包含了有关 MCGS 最新的帮助信息。

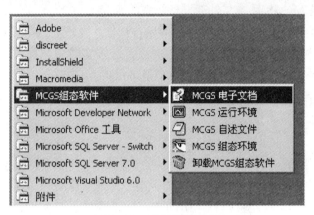

图 2-69　MCGS 程序组

步骤三：MCGS 组态软件运行测试

MCGS 系统安装完成后，在用户指定的目录（或系统缺省目录"D:\MCGS"）下创建有三个子目录：Program、Samples 和 Work。MCGS 系统分为组态环境和运行环境两个部分。文件 McgsSet.exe 对应于 MCGS 系统的组态环境，文件 McgsRun.exe 对应于 MCGS 系统的运行环境。组态环境和运行环境对应的两个执行文件以及 MCGS 中用到的设备驱动、动画构件及策略构件存放在子目录 Program 中，用于演示系统的基本功能的样例工程文件存放在 Samples 目录下，Work 子目录则是用户的缺省工作目录。

分别运行可执行程序 McgsSet.exe 和 McgsRun.exe 就能进入 MCGS 的组态环境和运行环境。安装完毕后，运行环境能自动加载并运行样例工程。用户可根据需要创建和运行自己的新工程。

由 MCGS 生成的用户应用系统，其结构由主控窗口、设备窗口、用户窗口、实时数据库和运行策略五个部分构成。

（1）实时数据库是 MCGS 系统的核心。

实时数据库相当于一个数据处理中心，同时也起到公用数据交换区的作用。MCGS 用实时数据库来管理所有实时数据。从外部设备采集来的实时数据送入实时数据库，实时数据库将数据传送给系统其他部分操作系统，其他部分操作的数据也来自于实时数据库。实时数据库自动完成对实时数据的报警处理和存盘处理，同时它还根据需要把有关信息以事件的方式发送给系统的其他部分，以便触发相关事件，进行实时处理。

因此，实时数据库所存储的单元，不单单是变量的数值，还包括变量的特征参数（属性）及对该变量的操作方法（报警属性、报警处理和存盘处理等）。这种将数值、属性和方法封装在一起的数据我们称之为数据对象。实时数据库采用面向对象的技术，为其他部分提供服务，提供了系统各个功能部件的数据共享。

（2）主控窗口构造了应用系统的主框架。

主控窗口确定了工业控制中工程作业的总体轮廓，以及运行流程、菜单命令、特性参数和启动特性等项内容，是应用系统的主框架。

（3）设备窗口是 MCGS 系统与外部设备联系的媒介。

设备窗口专门用来放置不同类型和功能的设备构件，实现对外部设备的操作和控制。设备窗口通过设备构件把外部设备的数据采集进来，送入实时数据库，或把实时数据库中的数据输出到外部设备。一个应用系统只有一个设备窗口，运行时，系统自动打开设备窗口，管理和调度所有设备构件正常工作，并在后台独立运行。注意：对用户来说，设备窗口在运行时是不可见的。

（4）用户窗口实现了数据和流程的"可视化"。

用户窗口中可以放置三种不同类型的图形对象：图元、图符和动画构件。图元和图符对象为用户提供了一套完善的设计制作图形画面和定义动画的方法。动画构件对应于不同的动画功能，它们是从工程实践经验中总结出的常用的动画显示与操作模块，用户可以直接使用。通过在用户窗口内放置不同的图形对象，搭制多个用户窗口，用户可以构造各种复杂的图形界面，用不同的方式实现数据和流程的"可视化"。

组态工程中的用户窗口，最多可定义 512 个。所有的用户窗口均位于主控窗口内，其打开时窗口可见；关闭时窗口不可见。允许多个用户窗口同时处于打开状态。用户窗口的位置、大小和边界等属性可以随意改变或设置，如可以让一个用户窗口在顶部作为工具条，也可以放在底部作为状态条，还可以使其成为一个普通的最大化显示窗口等。多个用户窗口的灵活组态配置，就构成了丰富多彩的图形界面。

（5）运行策略是对系统运行流程实现有效控制的手段。

运行策略本身是系统提供的一个框架，其里面放置有策略条件构件和策略构件组成的"策略行"，通过对运行策略的定义，使系统能够按照设定的顺序和条件操作实时数据库，控制用户窗口的打开、关闭并确定设备构件的工作状态等，从而实现对外部设备工作过程的精确控制。

一个应用系统有三个固定的运行策略：启动策略、循环策略和退出策略，用户也可根据具体需要创建新的用户策略、循环策略、报警策略、事件策略以及热键策略，并且用户最多可创建 512 个用户策略。启动策略在应用系统开始运行时调用，退出策略在应用系统退出运行时调用，循环策略由系统在运行过程中定时循环调用，用户策略供系统中的其他部件调用。

综上所述，一个应用系统由主控窗口、设备窗口、用户窗口、实时数据库和运行策略五个部分组成。组态工作开始时，系统只为用户搭建了一个能够独立运行的空框架，提供了丰富的动画部件与功能部件。如果要完成一个实际的应用系统，应主要完成以下工作：

首先，要像搭积木一样，在组态环境中用系统提供的或用户扩展的构件构造应用系统，配置各种参数，形成一个有丰富功能可实际应用的工程；然后，把组态环境中的组态结果提交给运行环境。运行环境和组态结果在一起便构成了用户自己的应用系统。

课后任务

1. 简述 MCGS 的安装步骤。
2. 概述 MCGS 应用领域及发展前景。
3. MCGS 组态软件的策略有哪些?

项目三 工业计算机基本的输入输出项目开发

任务一 实验环境构建

学习目标

（1）了解实验环境构建要求。

（2）掌握实验环境构建步骤。

（3）掌握各实验设备通信协议。

（4）学会进行实验环境构建器件选取。

工作任务

在本任务中，主要介绍了实验环境的构建要求及构建步骤，要求读者掌握在实验环境构建的器件选取，同时掌握实验环境搭建中常见问题的解决。

学习步骤

步骤一：软件开发环境

本项目的各个任务都要求进行软件编程。编程所需的软硬件环境要求如表 3-1 所述。

表 3-1　软件开发环境要求

配　　置		基本要求
硬件环境：IBM 标准的 PC 机	CPU	P4 2GHz
	内存	512MB
	硬盘	能满足以下软件安装要求
软件环境	操作系统	Windows 2000/XP/Vista/7
	开发工具	Visual Studio 2005（包括 C#、VB） 工业组态软件

步骤二：工控运行环境（实训台）

实训台的硬件结构及布线示意图如图 3-1 所示。图中从左至右，主要的组成模块依次是工控主机、7520 模块、7017 模块、7022 模块、7050 模块和直流电源模块。

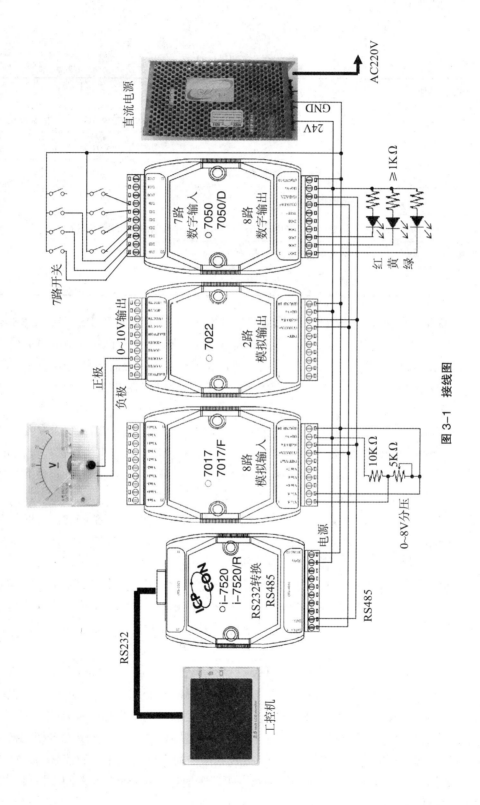

图 3-1　接线图

（1）各模块功能。

实训台中各个主要模块的功能如表 3-2 所述。

表 3-2　实训模块功能

模　　块	功　　能	说　　明
工控主机	控制系统的核心	要求安装操作系统（同开发环境）
		要求安装 net framework 2.0
7520 模块	RS-232 到 RS-485 的接口转换	根据不同的实训内容，选择相应模块
7017 模块	8 路模拟量输入	
7022 模块	2 路电压、2 路电流模拟量输出	
7050/D 模块	7 路数字量输入，8 路数字量输出	
直流电源模块	提供 +24V 的直流供电	

一般 IBM 标准的 PC 机都只配置 RS-232 串口，部分工控机带 RS-422 或 RS-485 串口。RS-232 串口一般用于一对一通信模式，如果需要实现一对多的总线型串口通信，常用 RS-422 或 RS-485。尤其是 RS-485，能很好地解决一对多双向通信，并避免通信冲突。

由于本实训台选用的工控机不带 RS-485 串口，所以使用 7520 模块完成 RS-232 与 RS-485 的接口转换。

直流电源模块负责对各个模块提供 +24V 直流供电（除了工控主机需要 220V 交流供电）。

工控机的通信对象是 7017、7022 和 7050/D 三个数据模块。这三个模块都挂接在 RS-485 总线上，每个模块都有一个独立、唯一的地址，根据该地址，工控机能准确定位需要通信的模块。这里，三个模块的地址依次是 01、02 和 03。

如果开发环境不是安装在工控机上，则需要考虑所生成程序的移植问题。此时工控机应预留一条 USB 延长线，以便于用 U 盘复制文件。

（2）实训台各模块间的通信。

本项目安排了 4 个实训任务，分别进行模拟量输入、模拟量输出、数字量输入和数字量输出的训练。不同的实训项目需要使用 7017、7022 或 7050/D 中的一个模块，这些数据模块之间不会发生通信。所有的通信都由工控主机主动发起，而数据模块则始终处于被动接受通信请求的状态。

7520 模块是通信接口转换模块，它只是一个信号的传送通道，本身不参与通信。一旦硬件布线完成后，在工控机端编程控制"信号输入 / 输出模块"时，不用关心 7520 模块。也就是说，无论是 RS-232，还是 RS-485，对串口通信软件的编程都没有影响。

当需要某个数据模块进行信号输入时，工控机通过串行接口向该模块发出相应指令（具体的指令格式参考相应模块的指令手册）。接收到指令的模块完成相应的信号输入操作，并将获取的数据（数据格式参考相应模块的指令手册）通过 RS-485 总线发回工控机。通信过程中的数据流传送如图 3-2 所示。

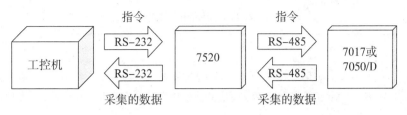

图 3-2　信号输入时的数据流

工控机控制数据模块实现信号输出时的流程与上雷同，数据流如图 3-3 所示。

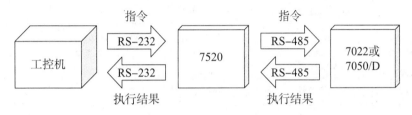

图 3-3　信号输出时的数据流

这里要注意，数据模块接收到指令后，并不会立即向工控机返回结果。执行指令需要一定的时间，时间长短不能确定。虽然从操作人员的角度来看，这段时间很短，但对高速运行的计算机来说可能会是很漫长的等待。

所以在通信编程时，可以采用几种方案来接收数据模块返回的数据：

①估算模块执行指令所需的时间，加上一定的预留量。在发出指令后，延时等待这段时间，再接收数据。这种方式效率最低，在等待的时间段内串口通信程序死锁。

②发出指令后，在上述估算的时间段内，反复查询串口是否有数据返回。有则立即读取，如果估算的时限到时仍没数据，则结束接收。这种方式效率有所提高，只要数据模块执行指令结束，返回数据到达工控机，串口通信程序的死锁状态就会立即终止。但程序毕竟还是会有段时间不能正常响应。由于实现简单、易于理解，本书主要推荐这种技术。

③发出指令后，不再继续等待接收数据，而是另外启动一个线程专用于等待数据。这种方式效率很高，也是最常用的串口通信编程技术。但由于涉及线程的概念，本书不作要求。有兴趣的同学可以参考项目三任务二模拟量输出实训的【扩展知识】部分。

（3）指令集介绍。

一般在进行串口通信编程之前，先要约定双方的通信数据格式。对于本实训，通信的一方（即数据设备 7017、7022 和 7050/D 等）的通信数据格式已经确定，则我们必须先阅读这些数据模块的指令手册，理解其指令集。

由于数据模块功能强大，相应的指令也较多。但这里我们只需要关心数据输入 / 输出指令，所以每个模块只用到一条指令。

① 7017。

由指定通道获取模拟量的指令以及返回执行结果的格式如表 3-3 所示。

表 3-3　7017 模拟量输入的指令格式

输出	指令	#AAN(cr)
	格式说明	#：表示指令前导字符，其值为字符 '#' AA：表示指令接收方模块的 2 位地址，取值范围为 01 ~ FF。本项目中 7017 的地址为 01 项目 N：表示模块的信号输出通道号（1 位）。本项目中，由于电阻分压电路接到了 7017 模块的通道 5 上，所以这里通道号为 5 (cr)：表示指令结束，其值为回车符
返回	正常数据	>(Data)(cr)：表示 7017 正确执行指令，并获取了电压值
	异常数据	?AA(cr)：表示无效指令
		没有返回数据：表示指令语法错或串口通信异常
	格式说明	>、?：表示 7022 返回的指令执行结果前导字符，其值分别为字符 '>'、'?' (Data)：表示收到的电压值，数值范围为 –10.000 ~ +10.000V AA：表示收到无效指令的数据模块的 2 位地址，取值范围为 01 ~ FF。本项目中 7017 地址为 01 (cr)：表示返回数据结束，其值为回车符

举例：

指令 "#015" 要求地址 01 的 7017 设备从通道 5 读入电压。

而返回数据 ">+03.000" 表示指令执行成功。

指令 "#018" 要求地址 01 的 7017 设备从通道 8（无此通道）读取电压。

而返回数据 "?01" 表示地址 01 的设备报告指令无效。

② 7022。

由指定通道输出模拟量的指令以及返回执行结果的格式如表 3-4 所示：

表 3-4　7022 模拟量输出的指令格式

输出	指令	#AAN(Data)(cr)
	格式说明	#：表示指令前导字符，其值为字符 '#' AA：表示指令接收方模块的 2 位地址，取值范围为 01 ~ FF。本项目中 7022 的地址为 02 N：表示模块的信号输出通道号（1 位）。本项目中，由于电压表接到了 7022 模块的通道 1 上，所以这里通道号为 1 (Data)：表示模拟量输出值，取值范围为 00.000 ~ 10.000V。整数部分 2 位，不满 2 位左补零；小数部分 3 位，不满 3 位右补零 (cr)：表示指令结束，其值为回车符

返回	正常数据	>(cr)：表示 7022 正确执行指令，并输出了电压
	异常数据	?AA(cr)：表示输出的电压值超出 0.0 ~ 10.0V 的范围，实际输出电压为最近的极限值（即 0.0V 或 10.0V）
		!(cr)：表示由于 7022 模块复位重启，没有执行指令
	格式说明	>、?、!：表示 7022 返回的指令执行结果前导字符，其值分别为字符 '>'、'?'、'!' AA：表示电压超界数据模块的 2 位地址，取值范围为 01 ~ FF。本项目中 7022 地址为 02 (cr)：表示返回数据结束，其值为回车符

举例：

指令 "#02100.200" 要求地址 02 的设备向通道 1 输出 0.2V 电压。

而返回数据 ">" 表示指令执行成功。

指令 "#02110.200" 要求地址 02 的设备向通道 1 输出 10.2V 电压。

而返回数据 "?02" 表示地址 02 的设备报告输出的电压值超界（其实际输出电压值取边界值，这里是 10.0V）。

本项目中，如果前面界面部分的代码没有出错的话，电压值的取值范围已经被限制在 0.0 ~ 10.0V 之间，所以只要后面的代码编写不犯错，就不会超界。

③ 7050/D。

由指定通道输入 / 输出数字量的指令以及返回执行结果的格式如表 3-5 所示：

表 3-5 7050/D 数字量输入 / 输出的指令格式

输出	输出指令 1	#AA1BDD(cr)：表示 7050/D 向指定通道输出数字量
	格式说明 1	#：表示指令前导字符，其值为字符 '#' AA：表示指令接收方模块的 2 位地址，取值范围为 01 ~ FF。本项目中 7050/D 的地址为 03 1：数字字符 "1" B：表示模块的信号输出通道号（1 位）。本项目中，由于红、黄、绿三个发光管分别接到了 7050/D 的通道 5、6、7 上，所以这里通道号为 5、6、7 DD：表示数字量输出值，其取值为 00 或 01 (cr)：表示指令结束，其值为回车符
	输出指令 2	@AADD(cr)：表示 7050/D 同时输出 8 路数字量
	格式说明 2	@：表示指令前导字符，其值为字符 '@' AA：表示指令接收方模块的 2 位地址，取值范围为 01 ~ FF。本项目中 7050/D 的地址为 03

续表

输出	格式说明2	DD：表示 16 进制的数字量输出值，取值 00 ~ FF (cr)：表示指令结束，其值为回车符
	返回结果	>(cr)：表示正确执行指令，并读取了电压
		?(cr)：表示无效指令
		!(cr)：表示由于 7022 复位，未执行指令
	格式说明	>、?、!：表示 7022 返回的指令执行结果前导字符，其值分别为字符 '>'、'?'、'!' (cr)：表示返回数据结束，其值为回车符
输入	输入指令	@AA(cr)：7050/D 同时读入 7 路输入端和 8 路输出端数字量
	格式说明	@：表示指令前导字符，其值为字符 '@' AA：表示指令接收方模块的 2 位地址，取值范围为 01 ~ FF 本项目中 7050/D 的地址为 03 (cr)：表示指令结束，其值为回车符
	返回结果	>(Data)(cr)：表示正常读取 7 路输入端和 8 路输出端数字量
		?AA(cr)：表示无效指令
		无返回：表示指令语法错误或通信异常
	格式说明	>、?：表示 7022 返回的指令执行结果前导字符，其值分别为字符 '>'、'?' (Data)：4 字符数字量。前 2 字符为 8 路 16 进制输出端数字量，数值范围 00 ~ FF；后 2 字符为 7 路 16 进制输入端数字量，数值范围 00 ~ 7F AA：表示指令接收方模块的 2 位地址，取值范围为 01 ~ FF 本项目中 7050/D 的地址为 03 (cr)：表示返回数据结束，其值为回车符

举例：

指令 "#031701" 要求地址 03 的 7050/D 向通道 7 输出 "1"，使其导通。其余 7 个通道不影响。

而返回数据 ">" 表示指令执行成功。

指令 "@0301" 要求地址 03 的 7050/D 向 8 个输出通道输出数字量。其中，通道 0 输出 "1" 导通，其余 7 个通道输出 "0" 截止。

而返回数据 ">" 表示指令执行成功。

指令 "@03" 要求地址 03 的 7050D 设备读取 7 路输入端和 8 路输出端数字量。

而返回数据 ">290F" 表示指令执行成功，并读到 16 进制的 8 位数字量 29H、7 位数字量 0FH。

下面对各种量的输入、输出模块进行如下介绍：

（1）数字量输入、输出模块介绍。

1）数字量 I/O 设备（I–7050/D），如图 3–4 所示。

数字量输入、输出模块 I–7050/D 的基本特性如下：

①具有 8 路输出；

②输出信号与模块电源不隔离；

③输出负载最高电压为 +30V；

④输出负载最高电流为 30mA；

⑤具有 7 路输入；

⑥输入信号与模块电源不隔离；

⑦输入逻辑"0"电平最高为 1V；

⑧输入逻辑"1"电平最高为 3.5 ~ 30V；

⑨模块电源电压：+10 ~ +30 VDC；

⑩模块功耗：I–7050 0.4W；I–7050/D 1.1W。

（2）模拟量输入、输出模块介绍。

1）模拟量输入设备（I–7017），如图 3–5 所示。

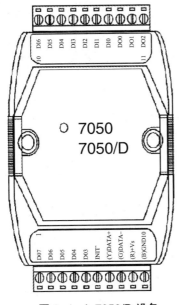

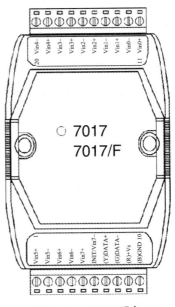

图 3–4　I–7050/D 设备　　　　图 3–5　I–7017 设备

模拟量输入模块 I–7017 的基本特性如下：

①具有 8 路差分输入，或者通过跳线实现 6 路差分和 2 路单端输入；

②输入信号类型：mV、V、mA（通过 125Ω 外接电阻）；

③采样速率：10 次 / 秒；

④带宽：15.7Hz；

⑤精度：± 0.1%；

⑥零漂：$20\mu V/℃$；

⑦共模抑制比：86dB；

⑧输入阻抗：20MΩ；

⑨过压保护：±35V；

⑩隔离电压：3 000 VDC；

⑪模块电源电压：+10 ~ +30 VDC；

⑫模块功耗：1.3W。

2）模拟量输出设备（I-7022），如图3-6所示。

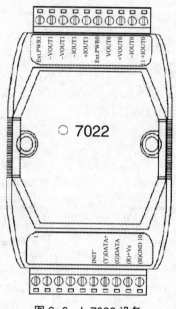

图3-6　I-7022设备

模拟量输出模块I-7022的基本特性如下：

①具有2路模拟输出通道；

②输出信号类型：V、mA；

③精度：±0.1%满量程；

④分辨率：±0.02%满量程；

⑤读回精度：±1%满量程；

⑥零漂：电压输出 ±30μV/℃，电流输出 0.2μA/℃；

⑦全量程温度系数：±25ppm/℃；

⑧可编程输出信号变化率：0.125 ~ 1 024mA/s，0.062 5 ~ 512V/s；

⑨电压输出负载能力最大为10mA；

⑩电流输出负载电阻，模块内部供电：500Ω，外部供24V电源：1 000Ω；

⑪隔离电压：3 000 VDC，数字输入与模拟输出之间隔离，模拟通道之间隔离；

⑫模块电源电压：+10 ~ +30 VDC；

⑬模块功耗：3W。

（课后任务）

1. 简述实验台组成部件。
2. 简述 7050/D 通信格式。
3. 简述 7022 模块参数及数据传输格式。
4. 简述 7017 模块参数及数据传输格式。

任务二　模拟量输入项目开发

（学习目标）

（1）了解模拟量输入模块的通信协议。
（2）掌握模拟量输入模块的连接方式。
（3）学会编写基于 C# 的模拟量输入采集实验。

（工作任务）

前面任务中我们介绍了模拟量输入模块的通信协议格式。据此，本任务中将介绍模拟量输入模块的连接方式，然后编写基于 C# 的模拟量输入采集实验，让读者从简单到深入了解模拟量输入模块的使用，从而能够开发串口通信应用程序，通过串口向 7017 模块发送电压输入指令。

（实训设备）

（1）7017 模块。
（2）一台装有 Visual Studio 2005 的电脑。

（学习步骤）

步骤一：程序界面实现

需要使用 7017 模块负责电压输入，电压输入范围为 –10 ～ +10V。

由于 7017 输入端接到了电阻分压电路（5kΩ 和 10kΩ 电阻组成的）上，通过调节可变电阻可以改变输入的电压值。通过两个电阻对 24V 分压，电压调节的理论范围为 0 ～ 8V。由于直流电源模块的电压值、电阻值存在一定误差，实际电压变动范围可能会有少许出入。

电压模拟量输入的实际应用：

检测温度、亮度、音量等。

创建项目，并取项目名称为"AnalogInput"。

从工具箱依次拖入表 3-6 所列的控件，并按照表中内容修改控件属性。

表 3-6　控件属性设置

控件名	控件属性	属性值	备　注
Form1	Text	模拟量输入实训	窗体标题行文本
	Size-Width	297	窗体宽
	Size-Height	136	窗体高
	FormBorderStyle	Fixed3D	禁止调整窗体大小
	MaximizeBox	False	禁止窗体最大化
label1	Text	电压值＝＿＿＿V	标签文本
button1	Text	读取	标签文本
StatusStrip1	Items	单击 ... 添加一个栏目	状态行栏目

要求：当用鼠标单击"读取"按钮时，程序向 7017 模块（地址 01）发送读取通道 5 电压值的指令，并由 7017 返回的数据中截取电压值，显示在标签上。

最后生成的窗体如图 3-7 所示。

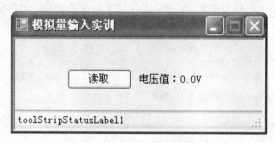

图 3-7　最终窗体界面

步骤二：代码实现

拖入 SerialPort 控件，同样地，由于控件属性的默认值恰好符合要求，所以控件属性不需要设置。此时便可以开始编写代码。

双击按钮控件，Visual C# 会自动创建一个事件处理方法：button1_Click。在其中添加代码如下：

```
private void button1_Click(object sender, EventArgs e)
{
  try
  {
    serialPort1.Open();            // 打开串口
    serialPort1.Write("#015\r");      // 发送指令
```

```
        serialPort1.ReadTimeout=500;    // 设置接收超时时间为 500 毫秒
        string buf=serialPort1.ReadTo("\r");   // 等待接收，直至读到 "\r"
      //string buf=">+07.170\r";
        switch(buf［0］)     // 根据返回的首字符判断指令执行状况
        {
          case '>':      // 正常执行
          statusStrip1.Items［0］.Text=" 正常获取电压模拟量 ";
          double voltage=double.Parse(buf.Substring(1, 7)); // 获取电压值
label1.Text=string.Format(" 电压值 :{0:0.000}V",voltage.ToString());break;
          case '?':
          statusStrip1.Items［0］.Text=" 无效指令 ";
          break;
        }
      }
      catch(Exception ex)  // 通信异常或未收到数据
      {
      statusStrip1.Items［0］.Text=" 指令收发失败 :"+ex.Message; // 显示异常原因
      }
      finally
      {
        serialPort1.Close();   // 关闭串口
      }
    }
```

上述代码中，正常执行指令时，会接收到 9 个字符的字符串数据。首字符表示指令是否正常执行，其后连续的 7 个字符表示读取的电压值，最后一个字符 "\r" 是回车符（如图 3-8 所示）。

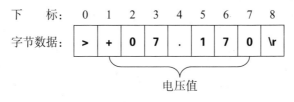

图 3-8　返回数据格式

当程序运行时按钮控件被按下，
按钮会发出 Click 事件。

【扩展知识：串口接收监听线程】

这里，我们也用串口监听的线程技术实现该实训程序。既然用到多线程访问串口，应使用串口长连接。

```
private void button1_Click(object sender, EventArgs e)
    {
  Label1.Text = "";
    try
    {
      serialPort1.Write("#015\r");    //发送指令
    }
    catch (Exception ex)        //发送异常
    {
      statusStrip1.Items［0］.Text=" 指令发送失败 "+ex.Message;
    }
    }
    Private void serialPort1_DataReceived(object sender, System.IO.Ports.SerialDataReceivedEventArgs e)
//接收事件处理方法
    {
    this.Invoke(new EventHandler(getReply)); // 通知主线程调用委托指定的 getReply 方法
    }
    private void getReply(object sender, EventArgs e)  //接收模块响应数据
    {
    string buf=serialPort1.ReadExisting();    //获取返回数据
    switch (buf［0］)    //根据返回的首字符判断指令执行状况
    {
      case '>':    //正常执行
        statusStrip1.Items［0］.Text=" 正常获取电压模拟量 ";
        double voltage=double.Parse(buf.Substring(1, 7));//获取电压值
        label1.Text=string.Format(" 电压值：{0:0.000}V", voltage.ToString());break;
        case '?':
        statusStrip1.Items［0］.Text=" 无效指令 ";
        break;
    }
    }
    private void Form1_Load(object sender, EventArgs e)        //窗体加载
    {
```

```
    try
    {
        serialPort1.Open();   // 打开串口
        button1.Enabled=true;   // 激活按钮
      statusStrip1.Items［0］.Text=" 串口已打开 "; // 状态行提示串口打开成功
    }
    catch (Exception ex)        // 打开时发生异常
    {
        button1.Enabled=false;   // 禁用按钮
        statusStrip1.Items［0］.Text=" 串口不能正常打开 "+ex.Message;// 状态行提示异常
    }
}
private void Form1_FormClosed(object sender, FormClosedEventArgs e)  // 窗体关闭
{
    if(serialPort1.IsOpen)        // 判断串口是否打开
        serialPort1.Close();        // 关闭串口
}
```

【运行控制程序】

编译程序，将生成的可执行文件 AnalogInput.exe 复制到实训台工控机中，并运行该程序（见图 3-9）。

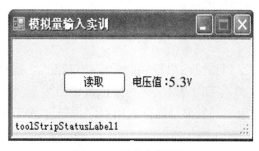

图 3-9　最终窗体界面

单击按钮，注意显示的电压值；再较大幅度调节可变电阻后再单击按钮，观察两次显示的电压值有什么变化。

如果没有读到电压值，或者两次显示的电压值相同，则要检查线路连接以及程序是否有问题。

课后任务

编程实现对输入端口 6 的电压输入。

要求：

（1）界面如图 3-10 所示。

（2）每隔 500 毫秒定时读取电压值，并显示在只读的文本框控件中。

（3）状态行提示指令执行结果。

提示：

（1）Timer 控件可以定时发出 Tick 事件。

（2）将 7022 模块的输入端 6 接到电阻分压电路上，以测试运行结果。

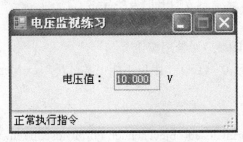

图 3-10　电压自动监视

任务三　模拟量输出项目开发

学习目标

（1）了解模拟量输出模块的通信协议。

（2）掌握模拟量输出模块的连接方式。

（3）学会编写基于 C# 的模拟量输出采集实验。

工作任务

前面任务中我们介绍了模拟量输出模块的通信协议格式。据此，本任务中将介绍模拟量输出模块的连接方式，然后编写基于 C# 的模拟量输出采集实验，让读者从简单到深入了解模拟量输出模块的使用。开发串口通信应用程序，通过串口向 7022 模块发送电压输出指令。

实训设备

（1）7022 模块。

（2）一台装有 Visual Studio 2005 的电脑。

学习步骤

步骤一：程序实现分析

需要使用 7022 模块负责电压输出，电压输出范围为 0.0 ～ 10.0V。由于 7022 输出端接到了电压表上，通过电压表可以监视输出的电压值。

7022 分别有两路电压输出和两路电流输出。本任务是电压输出，只需要关心两路电压输出通道，通道号分别是 0 和 1。实训台将通道 1 接到了电压表上，所以这里要求将电压输出到通道 1 上，以便于通过电压表实时监视程序输出的电压值变化。

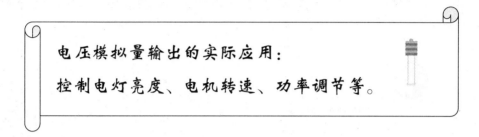

电压模拟量输出的实际应用：

控制电灯亮度、电机转速、功率调节等。

步骤二：程序界面实现

利用 Visual C# 的 SerialPort 控件可以很方便地实现串口的通信。程序实现步骤如下：
启动 Visual C# 集成开发环境，选择菜单"文件 | 新建 | 项目"（见图 3-11）。

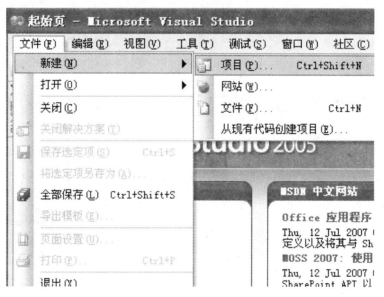

图 3-11　项目新建

在弹出的"新建项目"对话框中，按以下步骤完成项目的建立（见图 3-12）：

（1）在"项目类型"栏中选择"Visual C#"分支的"Windows"项；

（2）再在"模板"栏中选择"Windows 应用程序"；

（3）最后在"名称"中输入项目名称（比如：AnalogOutput）后单击"确定"按钮。

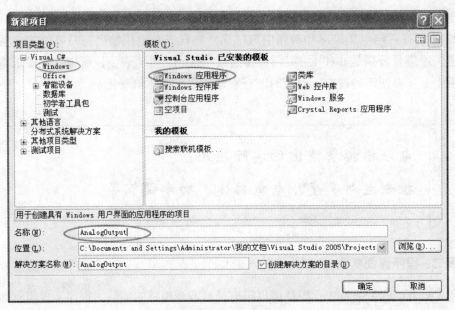

图 3-12　输入项目名称

此时 Visual C# 开发工具会自动创建一个 Form 窗体，如图 3-13 所示。

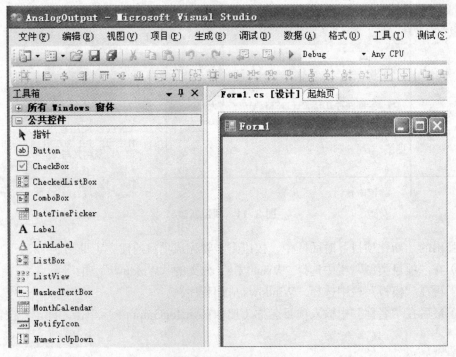

图 3-13　生成空白窗体

程序界面实现方法如下：

从工具箱依次拖入表 3-7 所列的控件，并按照表中内容修改控件属性。

表 3-7 控件属性设置

控件名	控件属性	属性值	备　注
Form1	Text	模拟量输出实训	窗体标题行文本
	Size-Width	500	窗体宽
	Size-Height	180	窗体高
	FormBorderStyle	Fixed3D	禁止调整窗体大小
	MaximizeBox	False	禁止窗体最大化
label1	Text	电压值 =0V	标签文本
label2	Text	鼠标左右拖动滑块调整电压值（0.0～10.0V）	标签文本
label3	Text	也可以用方向键、【IIomc】、【End】、【PgUp】和【PgDn】键调整	标签文本
trackBar1	Maximum	100	轨迹条最大取值
	LargeChange	20	【PgUp】/【PgDn】步进值
	Size-Width	485	轨迹条宽
	Size-Height	45	轨迹条高
StatusStrip1	Items	单击 [...] 添加一个栏目	状态行栏目

轨迹条的属性 Minimun 取默认值 0，不用改动。

最后生成的窗体如图 3-14 所示。

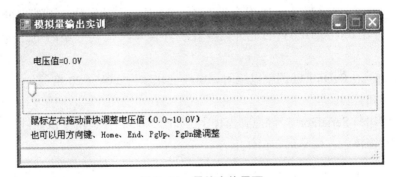

图 3-14　最终窗体界面

到这里，我们应该能看出程序最终是如何运行并控制电压输出的了：用鼠标（或键盘）左右拖动轨迹条的滑块，程序得到滑块所在位置的电压值，并将该电压值发往 7022 模块（地址 02）的通道 1。

这样，轨迹条的取值范围应该是 0.0 ～ 10.0V。但从表 3-7 中可以看出，轨迹条的属性 Maximum（最大值）设置为 100V，而不是 10V。这是因为轨迹条的取值只能是整型数，如果最大值是 10V，则 0.0 ～ 10.0V 之间调整电压时，变化值（或者叫步进值）就是 1V，跳动就太大了。为了使实验效果更好，我们希望电压输出值变化能更精细。最大值设为 100V，使轨迹条变化范围为 0.0 ～ 100.0，实际输出之前再除以 10，则可精确到 0.1V。

步骤三：代码实现

双击 TrackBar 控件，Visual C# 会自动创建一个事件处理方法：trackBar1_Scroll。在其中添加代码如下：

```
private void trackBar1_Scroll(object sender, EventArgs e)
{
  double voltage=trackBar1.Value / 10.0;     // 轨迹条当前值除以 10
   label1.Text=string.Format(" 电压值 ={0:0.0}V",voltage); // 显示电压值
}
```

> 当拖动 TrackBar 控件的滑块时，TrackBar 控件会发出 Scroll 事件。

每当轨迹条的滑块位置发生变化，就会自动调用 trackBar1_Scroll 方法。

读取轨迹条的当前值。该值为整型类型（int），除以 10 后，得到浮点类型（double）的电压值，并通过 lable1 控件显示。

此时就可以运行程序测试上述程序编写有无错误。拖动滑块，观察 Label 控件中显示的电压值是否在 0.0 ～ 10.0V 的范围内变化，并且每次拖动一格时电压变化值应该是 0.1V。

使用［PgUp］、［PgDn］键调整电压时，电压变化应为 2.0V（20 格）。

（1）拖入串口控件。

从工具箱将串口 SerialPort 控件拖到窗体上，如图 3-15 所示。由于该控件不是可视控件，所以不会出现在窗体上，而是列在窗体下方。

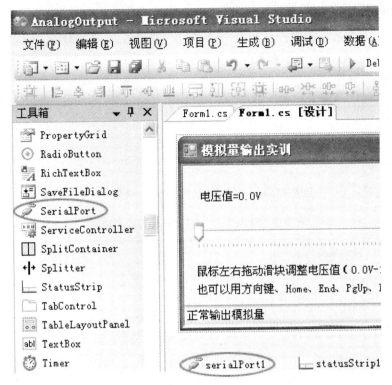

图 3-15　添加串口控件

在正常的串口通信开发中，此时应该对 SerialPort 控件进行属性设置。其主要的属性如表 3-8 所示。

表 3-8　SerialPort 控件的主要属性

属　　性	含　　义	默认值
BaudRate	通信速率	9 600
DataBits	数据位的位数	8
Parity	校验方式	None（表示无校验）
PortName	工控机上准备使用的串口名	COM1
StopBits	停止位的位数	One（表示 1 位）

各个属性（除 PortName 以外）的实际取值应该是通信双方预先约定好的。如果某一方设备的通信参数已经确定时，则一般是以该设备的通信参数为准。

对本任务的各个数据设备（指 7017、7022 和 7050/D）来说，应该先查看其手册说明。从手册来看，这些设备的默认通信参数如下：

①速率：9 600bps；

②数据位数：8 位；

③校验方式：无校验；

④停止位数：1 位。

另外，本任务所选用的工控机只有一个串口，串口名为"COM1"。所以很凑巧，我们不需要对 SerialPort 控件进行属性设置。

（2）串口通信编程。

完整的串口通信过程主要有三个步骤：

①打开串口；

②串口通信，包括发送、接收数据；

③关闭串口。

这三个步骤分别由 SerialPort 控件的相应方法完成，这些方法的原型如表 3-9 所示：

表 3-9　SerialPort 控件的主要方法和功能

控件成员		功　　能
方法	void Open()	打开串口
	void Close()	关闭串口
	void DiscardInBuffer()	清除接收缓冲区的剩余数据
	string ReadExisting()	读取串口中现有的数据，以字符串形式返回
	string ReadTo(string end)	等待读取串口数据，直至收到 end 字符串
	void Write(string text)	向串口发送字符串数据
属性	bool IsOpen	串口是否已经打开
	int ReadTimeout	超时时间

利用 Open 方法可以打开串口，但是否已经正常打开，则可以用 IsOpen 属性判别。没有打开串口，不能调用 ReadExisting 或 Write 方法，否则会抛出异常。

对本任务的程序而言，什么时候该发送指令呢？我们希望随着轨迹条的滑块移动，7022 输出的电压值能自动跟随变化。也就是说，当滑块位置改变时，就应该发送电压输出指令。这一次，又要用到前面提到过的 Scroll 事件了。

再次双击轨迹条控件，在 trackBar1_Scroll 方法的末尾继续添加代码：

```
……            // 前述界面部分代码
try
{
    serialPort1.Open();        // 打开串口

string cmd=string.Format("#021{0:00.000}\r", voltage); // 生成指令串
        serialPort1.Write(cmd);    // 发送指令
serialPort1.ReadTimeout=500;   // 设置接收超时时间为 500 毫秒
 char data=serialPort1.ReadTo("\r") [0]；    // 获取接收数据的首字符
```

```
        // char data='>';
        switch (data) // 根据首字符判断指令是否正常执行
        {
            case '>':
                statusStrip1.Items［0］.Text=" 正常输出电压模拟量 ";
                break;
            case '?':
                statusStrip1.Items［0］.Text=" 输出电压值超出运行范围 ";
                break;
            case '!':
                statusStrip1.Items［0］.Text="7022 模块复位，不能执行指令 ";
                break;
        }
    }
catch(Exception ex)
{
    statusStrip1.Items［0］.Text=" 指令发送失败："+ex.Message; // 状态行提示异常信息
}
finally
{
    serialPort1.Close();        // 关闭串口
}
```

到此，此项目代码实现完成，运行程序进行测试。

步骤四：运行控制程序

编译程序，将生成的可执行文件 AnalogOutput.exe 复制到实训台工控机中，并运行该程序（见图 3-16）。

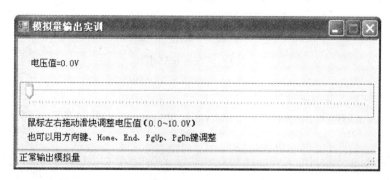

图 3-16　运行程序

拖动轨迹条的滑块，并观察实训台的电压表。电压表指示的电压值应与程序显示的电压值相等，否则就要检查程序是否有错误。

有兴趣的读者可以再运行【扩展知识 2】部分的代码，连续拖动轨迹条的滑块，并观察窗体上的电压值显示，以比较两个程序的运行效率。应该可以明显感觉到线程监听接收数据的响应速度较快。

【扩展知识 1：串口连接模式】

在上面这段程序中，每次收发串口数据都要打开、关闭串口。这种需要时临时打开串口，用完就关闭的技术被称为短连接。串口短连接不会长期占用串口资源，可以避免多进程项目的串口资源冲突。

但在许多要求高效运行或者串口通信数据量较大的工业应用中，短连接并不可取：反复地打开、关闭串口降低了程序的运行效率，短连接模式也不利于高效率的串口监听线程的开发。

与之相对应的是长连接。即串口一次性打开，完成所有的收发通信任务后，再一次性关闭。

对于本项目，可以考虑在窗体的 Load 事件处理方法中打开串口，在窗体 FormClosed 事件处理方法中关闭串口，在轨迹条的 Scroll 事件处理方法中收发串口数据。

鼠标选中窗体，在属性窗口创建 Closed 和 Load 事件的处理方法，如图 3-17 所示。

图 3-17　Form 窗体事件

在三个事件处理方法中添加如下代码：

```
private void trackBar1_Scroll(object sender, EventArgs e)    //轨迹条滑块移动
{
    double voltage=trackBar1.Value / 10.0; //轨迹条当前值除以 10
    label2.Text=string.Format(" 电压值 ={0:0.0}V",voltage); // 显示电压值
    string cmd=string.Format("#021{0:00.000}\r", voltage); // 生成指令串
    try
```

```
        {
            serialPort1.Write(cmd);    // 发送指令
        serialPort1.ReadTimeout=500; // 设置接收超时时间为 500 毫秒
        string buf=serialPort1.ReadTo("\r"); // 等待接收数据，直至读到 "\r"
         switch (buf［0］) // 根据首字符判断指令是否正常执行
            {
                case '>':
                    statusStrip1.Items［0］.Text=" 正常输出电压模拟量 ";
                    break;
                case '?':
                    statusStrip1.Items［0］.Text=" 输出电压值超出运行范围 ";
                    break;
                case '!':
                    statusStrip1.Items［0］.Text="7022 模块复位，不能执行指令 ";
                    break;
            }
        }
        catch (Exception ex)          // 收发时发生异常
        {
statusStrip1.Items［0］.Text=" 指令发送失败: "+ex.Message;// 状态行显示异常信息
        }
    }
    private void Form1_Load(object sender, EventArgs e)         // 窗体加载
    {
        try
        {
            serialPort1.Open();  // 打开串口
            trackBar1.Enabled=true;    // 激活轨迹条控件
          statusStrip1.Items［0］.Text=" 串口已打开 "; // 状态行提示串口打开成功
        }
        catch (Exception ex)           // 打开时发生异常
        {
            trackBar1.Enabled=false;   // 禁用轨迹条控件
            statusStrip1.Items［0］.Text=" 串口不能正常打开: "+ex.Message;// 状态行提示异常
        }
    }
private void Form1_FormClosed(object sender, FormClosedEventArgs e) // 窗体关闭
    {
```

```
    if(serialPort1.IsOpen)        // 判断串口是否打开
        serialPort1.Close();      // 关闭串口
}
```

> 当打开窗体时，窗体会发出 Load 事件；
>
> 窗体被关闭时，则会发出 Closed 事件。

【扩展知识 2：串口接收监听线程】

这里提到线程，并不是说在串口通信中需要我们手工创建线程，而是要求理解线程的概念。实际上，串口接收监听线程是自动创建的。

当 SerialPort 控件接收到数据时，会发出 DataReceived 事件。我们可以在该事件处理方法中编写代码来进行数据接收以及对收到的数据进行处理（比如显示数据）。

但问题是 DataReceived 事件处理方法是在一个独立的专用线程中，而界面处理代码则在程序主线程中——即使从表面看起来，两者的源代码在一个源文件中。这两个线程同步运行，互不干扰。

串口接收监听线程可以接收数据，但不能显示这些数据，要显示的话，必须交给主线程进行。线程间的同步方式有很多种，在 C# 中常用委托调用技术。

鼠标选中 SerialPort 控件，在属性窗口中创建 DataReceived 事件处理方法（见图 3-18）：

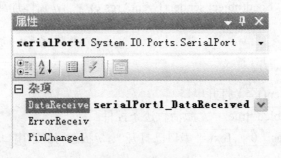

图 3-18　串口事件

下面改写【扩展知识 1】的数据收发部分代码：

```
private void trackBar1_Scroll(object sender, EventArgs e)
{
    double voltage=trackBar1.Value / 10.0; // 轨迹条当前值除以 10
    label2.Text=string.Format(" 电压值 ={0:0.0}V",voltage); // 显示电压值
    string cmd=string.Format("#021{0:00.000}\r", voltage); // 生成指令串
    try
```

```
        {
            serialPort1.Write(cmd);     // 发送指令
        }
        catch (Exception ex)            // 发送异常
        {
            statusStrip1.Items［0］.Text=" 指令发送失败："+ex.Message;
        }
    }
    private void serialPort1_DataReceived(object sender, System.IO.Ports.SerialDataReceivedEventArgs e)
// 接收事件处理方法
    {
        this.Invoke(new EventHandler(getReply)); // 通知主线程调用委托指定的 getReply 方法
    }
    private void getReply(object sender, EventArgs e)   // 接收模块响应数据
    {
        string buf=serialPort1.ReadExisting();     // 获取返回数据
        switch (buf［0］) // 根据首字符，判断指令是否正常执行
        {
            case '>':
                statusStrip1.Items［0］.Text=" 正常输出模拟量 ";
                break;
            case '?':
                statusStrip1.Items［0］.Text=" 输出电压值超出运行范围 ";
                break;
            case '!':
                statusStrip1.Items［0］.Text="7022 模块复位，不能执行指令 ";
                break;
        }
}
```

其中，getReply 方法为手工创建，其他方法均为事件处理方法。

> 当串口检测到有数据到达时，会发出 DataReceived
> 事件，以便接收数据。该事件的处理方法在独立
> 的串口监听线程中运行。

编程实现对输出端口 0 的电压输出。要求：

（1）界面如图 3-19 所示。

（2）NumricUpDown 控件接收键盘输入的电压值，数值范围 0 ~ 10V，保留 3 位小数。

（3）单击按钮后，发送指令，并接收返回值。

（4）状态行提示指令执行结果。

提示：将 7022 模块的输出端 0 接到电压表上，以便观察运行结果。

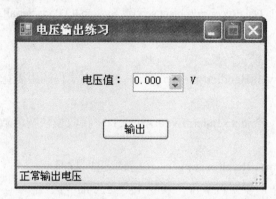

图 3-19　电压输出练习

任务四　数字量输入项目开发

学习目标

（1）了解数字量输入模块的通信协议。

（2）掌握数字量输入模块的连接方式。

（3）学会编写基于 C# 的数字量输入模块信号输入采集实验。

工作任务

前面任务中我们介绍了数字量输入模块的通信协议格式。据此，本任务中将介绍数字量输入模块的连接方式，然后编写基于 C# 的数字量输入模块信号输入采集实验，让读者从简单到深入了解数字量输入模块的使用。学会开发串口通信应用程序，通过串口向 7050/D 模块发送数字量输入指令。

实训设备

（1）7050/D 模块。

（2）一台装有 Visual Studio 2005 的电脑。

学习步骤

步骤一：程序界面实现

7050/D 可以同时输入 7 路数字量，实训台中这 7 路输入通道各接了 1 个摇杆开关。

另外 7050/D 的 8 路数字量输出口，也可以读入，以检查各个数字量输出口当前的高低电平状态。

> 数字量输入的实际应用：
> 检测运动位置、人体接近、水位和开关状态等。

项目创建方法如下：

创建项目，并取项目名称为"DigitalInput"。

从工具箱依次拖入表 3–10 所示的控件，并按照表中内容修改控件属性。

表 3–10　控件属性设置

控件名	控件属性	属性值	备　　注
Form1	Text	7 路数字量输入实训	窗体标题行文本
	Size-Width	460	窗体宽
	Size-Height	205	窗体高
	FormBorderStyle	Fixed3D	禁止调整窗体大小
	MaximizeBox	False	禁止窗体最大化
button1	Text	开关检测	按钮文本
StatusStrip1	Items	单击 ⃞ 添加一个栏目	状态行栏目
imageList1	ColorDepth	Depth32Bit	图片 32 位颜色深度
	ImageSize	128, 128	图片宽，高
	Images	单击 ⃞ 添加两张图片，注意图片顺序	图片集合
pictureBox1 ~ pictureBox15	Size	50, 50	图片宽，高
	SizeMode	Zoom	按比例缩放
label1	Text	输入端开关	标签文本
label2	Text	输出端状态	标签文本

存于 ImageList 控件（非可视控件）中的两张图片为 BlackButton.png、RedButton.png，

分别用于表示开关的"关"、"开"状态。如图 3-20 所示。

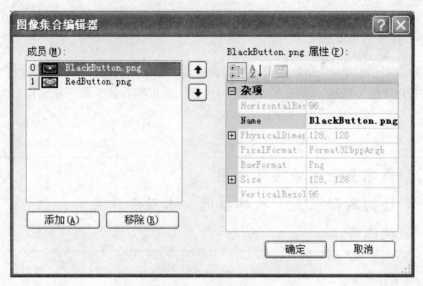

图 3-20 添加两张图片

最后生成的窗体如图 3-21 所示。

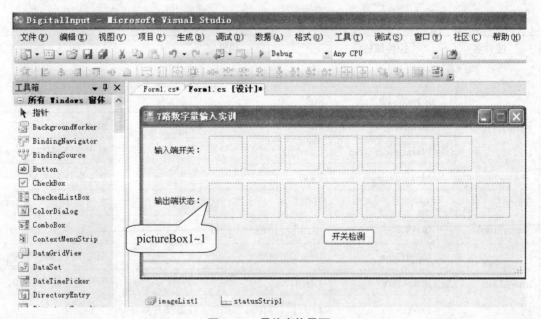

图 3-21 最终窗体界面

pictureBox1 ~ pictureBox7 控件表示 7 路数字开关量输入的状态，pictureBox8 ~ pictureBox15 控件表示 8 路数字量输出端的状态。当某一路数字量为"关"状态时，相应的 PictureBox 控件显示 ImageList 控件中的第一张图片；反之则显示第二张图片。

要求：当用鼠标单击"开关检测"按钮时，程序向 7050/D 模块（地址 03）发送读取数字值的指令，并由 7050/D 返回的数据中分别取出 7 位输入端数字量、8 路输出端数字量，根据每一位数字量的状态，由 15 个 PictureBox 控件分别显示对应的图片。

步骤二：代码实现

拖入 SerialPort 控件，同样地，由于控件属性的默认值恰好符合要求，所以控件属性不需要设置。

此时就可以开始编写代码了。

鼠标双击按钮控件，Visual C# 会自动创建一个事件处理方法：button1_Click；双击窗体，则会创建 Form1_Load 方法。在其中添加代码如下：

```csharp
PictureBox [ ]pictureBoxsInput=new PictureBox [ 7 ]; //定义图片框控件数组，便于处理图片
PictureBox [ ]pictureBoxsOutput=new PictureBox [ 8 ];//定义图片框控件数组，便于处理图片
private void Form1_Load(object sender, EventArgs e)  //窗体加载
{
    pictureBoxsInput [ 0 ]=pictureBox1;  //图片框数组的 7 成员对应 7 个图片框控件
    pictureBoxsInput [ 1 ]=pictureBox2;
    pictureBoxsInput [ 2 ]=pictureBox3;
    pictureBoxsInput [ 3 ]=pictureBox4;
    pictureBoxsInput [ 4 ]=pictureBox5;
    pictureBoxsInput [ 5 ]=pictureBox6;
    pictureBoxsInput [ 6 ]=pictureBox7;
    foreach (PictureBox pb in pictureBoxsInput)  //循环处理 7 个图片框控件
        pb.Image=imageList1.Images [ 0 ];  //默认显示"关"图片
    pictureBoxsOutput [ 0 ]=pictureBox8;      //图片框数组的 8 成员对应 8 个图片框控件
    pictureBoxsOutput [ 1 ]=pictureBox9;
    pictureBoxsOutput [ 2 ]=pictureBox10;
    pictureBoxsOutput [ 3 ]=pictureBox11;
    pictureBoxsOutput [ 4 ]=pictureBox12;
    pictureBoxsOutput [ 5 ]=pictureBox13;
    pictureBoxsOutput [ 6 ]=pictureBox14;
    pictureBoxsOutput [ 7 ]=pictureBox15;
    foreach (PictureBox pb in pictureBoxsOutput)  //循环处理 7 个图片框控件
        pb.Image=imageList1.Images [ 0 ];  //默认显示"关"图片
}
private void button1_Click(object sender, EventArgs e) //按钮单击事件
{
        try
    {
```

```
serialPort1.Open();           // 打开串口
serialPort1.Write("@03\r");    // 发送指令
serialPort1.ReadTimeout=500;   // 设置接收超时时间为 500 毫秒
string buf=serialPort1.ReadTo("\r"); // 等待接收，直至读到 "\r"
// string buf=">290e\r";
switch (buf［0］)   // 根据返回的首字符判断指令执行状况
{
    case '>':    // 正常执行
        statusStrip1.Items［0］.Text=" 正常获取数字开关量 ";
        byte data=Convert.ToByte(buf.Substring(1, 2),16);// 获取 16 进制数字量
        for (int i=0; i < 8; i++) // 按位分析 8 路输出端数字量
        {
        int pictureIndex=(data >> i) & 1; // 根据开关状态计算图片下标
// 显示图片
    pictureBoxsOutput［i］.Image=imageList1.Images［pictureIndex］;
        }
    data=Convert.ToByte(buf.Substring(3, 2),16);// 获取 16 进制数字量
        for (int i=0; i < 7; i++) // 按位分析 7 路输入端数字量
        {
        int pictureIndex=(data >> i) & 1; // 根据开关状态计算图片下标
// 显示图片
        pictureBoxsInput［i］.Image=imageList1.Images［pictureIndex］;
        }
        break;
        case '?':
        statusStrip1.Items［0］.Text=" 无效指令 ";
        break;
    }
}
catch (Exception ex)   // 通信异常或未收到数据
{
statusStrip1.Items［0］.Text=" 指令收发失败: " + ex.Message; // 显示异常原因
}
finally
{
    serialPort1.Close();   // 关闭串口
}
}
```

上述代码中，正常执行指令时，会接收到 6 个字符的字符串数据：首字符表示指令是否正常执行，其后连续的两个字符表示读取的 16 进制输出端数字量值，接着连续的两个字符表示读取的 16 进制输入端数字量值，最后一个字符 '\r' 是回车符 cr，图 3-22 所示。

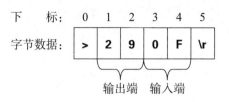

图 3-22　返回数据格式

收到的 16 进制数字量是字符串形式。必须转换成整型数（程序中的单字节整型变量 data）。7050/D 有 7 路数字量输入通道，读入的数字开关量数据位于 data 变量的低 7 位（二进制位），data 的数值范围为 00 ~ 7F；处理 8 路输出端数字量时，data 的数值范围为 00 ~ FF。那么，如何分析处理这 7 位数字量数据呢？这就要用到位运算了（参考接下来的【相关知识 1：C# 语言的位运算】部分）。

上面的程序是从最低位开始，逐个取出二进制位进行判别的。

data&1 用于取出位 0（最低位），（data>>1)&1 取出位 1，（data>>2)&1 取出位 2……程序中是通过循环结构逐个取出二进制位的，循环变量是右移位数。

当变量 data 中某一位的值为 1，表示开关为"开"；为 0 表示"关"。

ImageList 控件有两张图片。下标为 1 的是表示"开"的图片，而下标 0 的是表示"关"的图片。所以程序中利用 data 变量每一位的值作为图片下标。

步骤三：运行控制程序

编译程序，将生成的可执行文件 DigitalInput.exe 复制到实训台工控机中，并运行该程序（见图 3-23）。

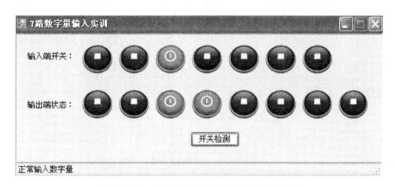

图 3-23　"7 路数字量输入实训"界面

单击按钮，注意显示的开关状态；拨动实训台上的 7 个开关，再次单击按钮，观察两次显示的开关有什么变化，以及显示的状态与实训台开关之间的对应关系。

事实上，7050/D 模块上本身带有两排共 15 个 LED 指示灯，显示状态应与程序界面一致。如果不能读取数字量值，或者显示的开关状态不正确，则要检查线路连接，以及程序是否有问题。

【相关知识 1：C# 语言的位运算】

继承了 C 语言的特性，C# 语言也能对整型数进行按位处理。在软硬件结合的工控系统应用中，位运算的概念非常重要。这里只介绍与我们的任务有关的位运算知识。

所谓位运算，是指对整型数以二进制位为单位进行的与、或、非和位移等运算操作。

这里的与、或运算，可以简单理解成单个二进制位之间的乘、加运算，而不考虑进位和借位（见表 3-11）。

表 3-11 "与"、"或"位运算表

操作数 1	操作数 2	运算结果	
		运算符 &（与）	运算符 l（或）
0	0	0	0
0	1	0	1
1	0	0	1
1	1	1	1

比如：10 & 3，相当于二进制 1010 & 0011，结果是二进制 0010，即等于十进制 2。而 10 | 3，则相当于二进制 1010 | 0011，结果是二进制 1011，即等于十进制 11。

位移：位移分左移、右移两种，这里介绍右移。

右移是指整型数以指定位数，按二进制向右移动。右移操作符是 ">>"。

比如：8>>2（8 右移 2 位），相当于二进制 1000>>2，结果是二进制 10，即十进制 2。

另外，9>>2，相当于二进制 1001>>2，结果也是二进制 10，即十进制 2。低 2 位 01 移出右边界被丢弃，如图 3-24 所示。

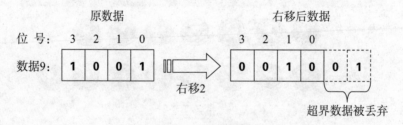

图 3-24 右移示意图

左移与右移相同，只是方向相反，移出左边界的数据位也被丢弃。另外位移时操作数会自动转换为 32 位的 int 型，所以左边界在第 32 位（位号 31）。

【相关知识 2：串口接收监听线程】

这里，我们也用串口监听的线程技术实现该实训程序。同样，既然用到多线程访问串口，也应使用串口长连接。

　　PictureBox［］pictureBoxsInput=new PictureBox［7］; // 定义图片框控件数组，便于处理图片

　　PictureBox［］pictureBoxsOutput=new PictureBox［8］;// 定义图片框控件数组，便于处理图片

　　private void Form1_Load(object sender, EventArgs e) // 窗体加载

　　{

//7 路输入端指示图片框

　　pictureBoxsInput［0］=pictureBox1; // 图片框数组的 7 成员对应 7 个图片框控件

　　pictureBoxsInput［1］=pictureBox2;

　　pictureBoxsInput［2］=pictureBox3;

　　pictureBoxsInput［3］=pictureBox4;

　　pictureBoxsInput［4］=pictureBox5;

　　pictureBoxsInput［5］=pictureBox6;

　　pictureBoxsInput［6］=pictureBox7;

　　foreach (PictureBox pb in pictureBoxsInput) // 循环处理 7 个图片框控件

　　pb.Image=imageList1.Images［0］; // 默认显示"关"图片

//8 路输出端指示图片框

　　pictureBoxsOutput［0］=pictureBox8; // 图片框数组的 8 成员对应 8 个图片框控件

　　pictureBoxsOutput［1］=pictureBox9;

　　pictureBoxsOutput［2］=pictureBox10;

　　pictureBoxsOutput［3］=pictureBox11;

　　pictureBoxsOutput［4］=pictureBox12;

　　pictureBoxsOutput［5］=pictureBox13;

　　pictureBoxsOutput［6］=pictureBox14;

　　pictureBoxsOutput［7］=pictureBox15;

　　foreach (PictureBox pb in pictureBoxsOutput) // 循环处理 7 个图片框控件

　　pb.Image=imageList1.Images［0］; // 默认显示"关"图片

　　try

　　{

　　serialPort1.Open(); // 打开串口

　　button1.Enabled=true; // 激活按钮

　　statusStrip1.Items［0］.Text=" 串口已打开 "; // 状态行提示串口打开成功

　　}

　　catch (Exception ex) // 打开时发生异常

　　{

　　button1.Enabled=false; // 禁用按钮

　　statusStrip1.Items［0］.Text=" 串口不能正常打开 " + ex.Message;// 状态行提示异常

```
        }
    }
    private void Form1_FormClosed(object sender, FormClosedEventArgs e) // 窗体关闭
    {
        if(serialPort1.IsOpen)        // 判断串口是否打开
            serialPort1.Close();      // 关闭串口
}
    private void button1_Click(object sender, EventArgs e) // 按钮单击事件
    {
        try
        {
            serialPort1.Write("@03\r");      // 发送指令
        }
        catch (Exception ex)  // 通信异常或未收到数据
        {
statusStrip1.Items［0］.Text=" 指令发送失败: " + ex.Message; // 显示异常原因
        }
    }
    private void serialPort1_DataReceived(object sender, System.IO.Ports.SerialDataReceivedEventArgs e)
// 串口有返回数据时触发
    {
        this.Invoke(new EventHandler(getReply)); // 通知主线程调用委托指定的 getReply 方法
    }
    private void getReply(object sender, EventArgs e)  // 自定义方法，接收模块响应数据
    {
        string buf=serialPort1.ReadExisting();    // 获取返回数据
        switch (buf［0］)    // 根据返回的首字符判断指令执行状况
        {
            case '>':    // 正常执行
                statusStrip1.Items［0］.Text=" 正常获取数字开关量 ";
                byte data=Convert.ToByte(buf.Substring(1, 2),16); // 获取 16 进制数字量
                for (int i=0; i<pictureBoxsOutput.Length; i++) // 按位分析 8 路输出端数字量
                {
                    int pictureIndex=(data >> i) & 1; // 根据开关状态计算图片下标
// 显示图片
    pictureBoxsOutput［i］.Image=imageList1.Images［pictureIndex］;
                }
        data=Convert.ToByte(buf.Substring(3, 2),16); // 获取输入端 16 进制数字量
```

```
for (int i=0; i < pictureBoxInput.Length; i++) // 按位分析 7 路输入端数字量
    {
    int pictureIndex=(data >> i) & 1; // 根据开关状态计算图片下标
// 显示图片
        pictureBoxsInput［i］.Image=imageList1.Images［pictureIndex］;
    }
    break;
  case '?':
    statusStrip1.Items［0］.Text=" 无效指令 ";
    break;
  }}
```

(课后任务)

编程实现对所有数字量输入端的读取，界面如图 3-25 所示。要求：

每隔 500 毫秒自动定时读取，并通过图片控件显示 7 路输入端数字量的状态。

状态行提示指令执行结果。

图 3-25　数字量自动监视练习

任务五　数字量输出项目开发

(学习目标)

（1）了解数字量输出模块的通信协议。

（2）掌握数字量输出模块连接方式。

（3）学会编写基于 C# 的数字量输出模块输出控制实验。

(工作任务)

前面任务中我们介绍了数字量输出模块的通信协议格式。据此，本任务中介绍了数字量输出模块的连接方式，然后编写基于 C# 的数字量输出模块输出控制实验，让读者从简单到深入了解数字量输出模块的使用。开发串口通信应用程序，通过串口向 7050/D 模块发送数字量输出指令。

实训设备

（1）7050/D 模块。
（2）一台装有 Visual Studio 2005 的电脑。

学习步骤

步骤一：程序界面实现

7050/D 可以同时输出 8 路数字量，也可以指定 8 路中的任意一路单独输出数字量。实训台中通道 5、6、7 这三路分别接到了红、黄、绿三个 LED 指示灯上。

另外，通过前一个任务，大家知道 7050/D 的 8 路数字量输出口也可以读入，以检查各个数字量输出口当前的高低电平状态。

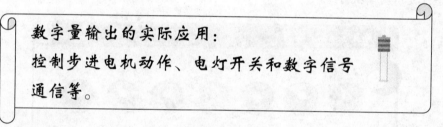

数字量输出的实际应用：
控制步进电机动作、电灯开关和数字信号通信等。

（1）项目创建：创建项目，并取项目名称为"DigitalOutput"。
程序界面实现：从工具箱依次拖入表 3-12 所列的控件，并按照表中内容修改控件属性。

表 3-12 控件属性设置

控件名	控件属性	属性值	备 注
Form1	Text	数字量输出实训	窗体标题行文本
	Size-Width	214	窗体宽
	Size-Height	161	窗体高
	FormBorderStyle	Fixed3D	禁止调整窗体大小
	MaximizeBox	False	禁止窗体最大化
button1	Text	导通	按钮文本
StatusStrip1	Items	单击 ... 添加一个栏目	状态行栏目
label1	Text	通道号：	标签文本
comboBox1	Items	单击 ... 添加 5、6、7 三项	组合框列表项目

最后生成的窗体如图 3-26 所示。

图 3-26   最终窗体界面

要求：当用鼠标单击"导通"按钮时，程序向 7050/D 模块（地址 03）指定通道发送输出导通的指令（即输出"1"），并由 7050/D 返回的数据判断指令执行情况。其中，通道号由 comboBox1 控件选择。

当指令执行成功后，按钮内容变为"截止"。此时，再按"截止"按钮，则向指定通道发送截止指令（即输出"0"）。

导通、截止的含义见任务一步骤二中 7050/D【指令集介绍】部分说明。

步骤二：代码实现

拖入 SerialPort 控件，同样地，由于控件属性的默认值恰好符合要求，所以控件属性不需要设置。

此时就可以开始编写代码了。

鼠标双击按钮控件，Visual C# 会自动创建一个事件处理方法：button1_Click；双击窗体，则会创建 Form1_Load 方法。在其中添加代码如下：

```
private void Form1_Load(object sender, EventArgs e)  // 窗体加载
{
  comboBox1.SelectedIndex=0;  // 组合框初始选择第一项
}
int lightOn=0;
private void button1_Click(object sender, EventArgs e) // 按钮单击
{
```

```
      if (lightOn==0)  // 原状态为截止
      {
         lightOn=1;   // 改为导通
         button1.Text=" 截止 ";
      }
      else          // 原状态为导通
      {
         lightOn=0;   // 改为截止
         button1.Text=" 导通 ";
      }
      string cmd=string.Format("#031{0}0{1}\r",
Convert.ToInt32(comboBox1.Text), lightOn);// 生成指令
      try
      {
         serialPort1.Open();         // 打开串口
         serialPort1.Write(cmd);        // 发送指令
         serialPort1.ReadTimeout=500; // 设置超时时间 500 毫秒
            string buf=serialPort1.ReadTo("\r");// 等待读取数据，直至读到 "\r"
         // string buf=">sd\r";
         switch (buf［0］)  // 根据返回的应答数据判断指令执行状况
         {
            case '>':
               statusStrip1.Items［0］.Text=" 正常输出数字量 ";
               break;
            case '?':
               statusStrip1.Items［0］.Text=" 无效指令 ";
               break;
             case '!':
            statusStrip1.Items［0］.Text="7050/D 复位重启，无法执行指令 ";
               break;
         }
      }
      catch (Exception ex)
      {
         statusStrip1.Items［0］.Text=" 指令收发失败：" + ex.Message;
      }
      finally
      {
```

```
        serialPort1.Close();
    }
}
```

步骤三：程序运行调试

编译程序，将生成的可执行文件 DigitalOutput.exe 复制到实训台工控机中，并运行该程序（见图 3-27）。

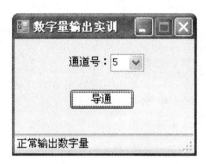

图 3-27　运行程序

选择组合框的通道号，单击按钮，注意显示的 LED 灯。

如果不能输出数字量值，或者显示的红、黄、绿三个 LED 灯与通道号不对应，则要检查线路连接，以及程序是否有问题。

【相关知识：串口接收监听线程】

这里，我们也用串口监听的线程技术实现该实训程序。同样，既然用到多线程访问串口，也应使用串口长连接。

```
private void Form1_Load(object sender, EventArgs e)  // 窗体加载
{
    comboBox1.SelectedIndex=0;    // 组合框初始选择第一项
    try
    {
        serialPort1.Open();  // 打开串口
        button1.Enabled=true;    // 激活按钮
    statusStrip1.Items［0］.Text=" 串口已打开 "; // 状态行提示串口打开成功
    }
    catch (Exception ex)          // 打开时发生异常
    {
        button1.Enabled=false;  // 禁用按钮
        statusStrip1.Items［0］.Text=" 串口不能正常打开："+ex.Message;// 状态行提示
异常
```

131

```
        }
    }
    private void Form1_FormClosed(object sender, FormClosedEventArgs e) // 窗体关闭
    {
        if(serialPort1.IsOpen)          // 判断串口是否打开
            serialPort1.Close();        // 关闭串口
    }
    int lightOn=0;
    private void button1_Click(object sender, EventArgs e) // 按钮单击
    {
        if (lightOn==0)   // 原状态为截止
        {
            lightOn=1;    // 改为导通
            button1.Text=" 截止 ";
        }
        else             // 原状态为导通
        {
            lightOn=0;   // 改为截止
            button1.Text=" 导通 ";
        }
        string cmd=string.Format("#031{0}0{1}\r",
Convert.ToInt32(comboBox1.Text), lightOn);// 生成指令
        try
        {
            serialPort1.Write(cmd);        // 发送指令
        }
        catch (Exception ex)
        {
            statusStrip1.Items［0］.Text=" 指令发送失败: " + ex.Message;
        }
    }
        private void serialPort1_DataReceived(object sender, System.IO.Ports.
SerialDataReceivedEventArgs e) // 串口有返回数据时触发
        {
            this.Invoke(new EventHandler(getReply)); // 通知主线程调用委托指定的 getReply
方法
        }
        private void getReply(object sender, EventArgs e)   // 自定义方法，接收模块响应数据
```

```
{
    string buf=serialPort1.ReadExisting();    // 获取返回数据
    switch (buf［0］)    // 根据返回的首字符判断指令执行状况
    {
        case '>':
    statusStrip1.Items［0］.Text=" 正常输出数字开关量 ";
        break;
        case '?':
    statusStrip1.Items［0］.Text=" 无效指令 ";
        break;
        case '!':
    statusStrip1.Items［0］.Text="7050/D 复位重启，无法执行指令 ";
        break;
    }
}
```

课后任务

编程实现对所有数字量输出端的输出，要求界面如图 3-28 所示。

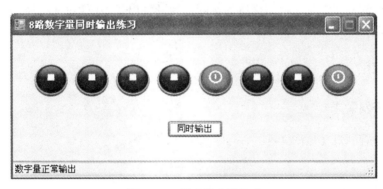

图 3-28　所有数字量输出

提示：

8 个图标中，黑色（1、2、3、4、6、7）表示截止，红色（5、8）表示导通。鼠标单击图标，图标颜色更换。

鼠标单击图标时，图标会发出 Click 事件（与按钮一样）。

指令见任务一步骤二中【指令集介绍】7050/D 部分。

输出 8 位数字量前，先利用位运算，生成控制字节。比如：

$0 \times 41 \& 2 = 0 \times 43$　　　$0 \times 41 \& 0 \times 80 = 0 \times C1$

$9 \& 0 \times 40 = 0 \times 49$　　　$0 \times 8E \& 0 \times 10 = 0 \times 9E$

项目四　工业计算机综合项目开发

任务一　基于 C# 语言的交通灯控制

学习目标

（1）了解数字量输入/输出模块通信协议。
（2）掌握数字量输入/输出模块连接方式。
（3）学会编写基于 C# 语言的交通灯控制程序。

工作任务

在本任务中，主要使用数字量输入/输出模块实现交通灯的控制。所以在一开始我们需要了解模块的通信协议，掌握它们的连接方式。最后我们将编写基于 C# 语言的交通灯控制程序，实现最后的程序控制，根据交通的实际情况开发出我们所需的控制系统，从而拥有更多的实际操作经验。

学习步骤

步骤一：开发需求

实用型交通管制灯（见图 4-1）。

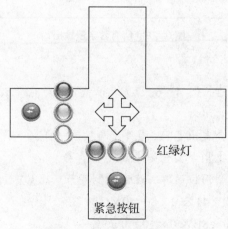

图 4-1　路口交通灯示意图

两组交通灯（分别管制南北方向、东西方向的交通），各有红、黄、绿三个灯，并各带一个开关。

（1）单组交通灯工作逻辑。

每组交通灯的动作如下：红、黄、绿交通灯控制。红灯亮一段时间后灭，再绿灯亮一段时间后灭，黄灯亮一段时间后灭，然后又是红灯亮……循环往复。整个过程秒钟始终倒计时，比如，红灯从开始亮起30s倒计时，再从绿灯开始亮起倒计时30s直至黄灯灭。

灯的亮灭时间可调（即程序中可设置）。

（2）两组交通灯相互关联。

第一组红灯灭时，第二组绿灯亮。

①通常工作模式。

第一组红灯亮的时间等于第二组绿灯亮和黄灯亮的时间总和，同样第一组绿灯亮和黄灯亮的时间总和等于第二组红灯亮的时间，但两组红灯亮的时间可以不同，如图4-2所示为通常工作模式。

一般来说，单个方向红灯亮的时间范围为10～30s，黄灯亮的时间固定为5s，绿灯时间范围为5～25s。这样只要设置一组红灯亮的时间，则另 组绿灯亮的时间就可以算出：

$$t_{2绿}=t_{1红}-5$$

$$t_{1绿}=t_{2红}-5$$

当两个方向交通流量不平衡时，可以通过调节两组红灯亮的时间来解决。

②特殊工作模式。

极端情况下，当某个方向的交通流量非常稀少时，可以设置该方向绿灯亮的时间为0s，即红灯常亮，则另一组绿灯常亮。

此时如果该方向偶尔需要通行时，可以通过按动紧急开关临时切换通行权：使另一个方向的黄灯开始亮，5s后红灯亮，同时该方向绿灯亮，10s后，该方向黄灯亮，5s后该方向红灯亮，同时另一方向绿灯亮，通行权重新切换回去。其工作时序如图4-2所示，即特殊工作模式。

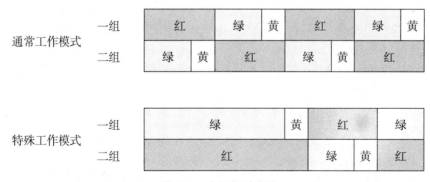

图4-2 交通灯时序图

步骤二：开发环境及开发工具

（1）开发环境。

操作系统：Windows 2000/XP/Vista/7。

（2）开发工具。

提示：使用 Timer 控件分别显示红灯倒计时和绿灯倒计时，并控制三色交通灯的亮灭。

使用两个 TextBox 控件分别设置两组交通灯红灯的时间。

第一组输入端通道号 0（开关），输出端通道号 2、3、4（红、绿、黄灯）；第二组输入端通道号 1（开关），输出端通道号 5、6、7（红、绿、黄灯）。

由于不知道输入端的开关何时按下，必须用 Timer 控件定时读取数字量输入。为保证能及时检测到开关信号，定时的时间间隔不易过长（建议为 50 ~ 100ms）。

步骤三：程序实现

（1）创建项目。建议项目名为"DigitalIO"。

（2）界面实现。拖入可视控件，实现如图 4-3 所示的界面。

图 4-3　交通灯控制界面

（3）拖入 SerialPort 控件和 Timer 控件。

课后任务

将 7022 的电压输出端 0 接到 7017 的输入端 6。编程实现对 7022 的电压输出，再读取 7017 的电压输入。要求如下：

（1）电压由 NumricUpDown 控件键入，数值范围设置在 0 ~ 10 之间，保留 3 位小数。

（2）状态行提示指令执行结果。

测试结果无误后，将 7022 电压输出端 0 的正负极调换，反接到 7017 的输入端 6。再测试一下，看结果有什么不同？

任务二　基于 MCGS 的水位控制系统开发

学习目标

（1）了解水位控制系统需求。

（2）掌握 MCGS 组态软件的使用。

（3）学会编写基于 MCGS 的水位控制系统开发。

工作任务

在本任务中，主要是讲解基于 MCGS 的水位控制系统开发，任务中根据水位的变化控制，控制水流的大小。利用实际操作带来更多的接近实践的机会。

学习步骤

步骤一：任务最终完成要求

本任务介绍水位控制系统的组态过程，详细讲解如何应用 MCGS 组态软件完成一个工程。本任务涉及动画制作、控制流程的编写、模拟设备的连接、报警输出以及报表曲线显示等多项组态操作。结合工程实例，对 MCGS 组态软件的组态过程、操作方法和实现功能等环节进行全面的讲解，使读者对 MCGS 组态软件的内容、工作方法和操作步骤在短时间内有一个总体的认识。

工程最终效果图如图 4-4 ~ 图 4-7 所示：

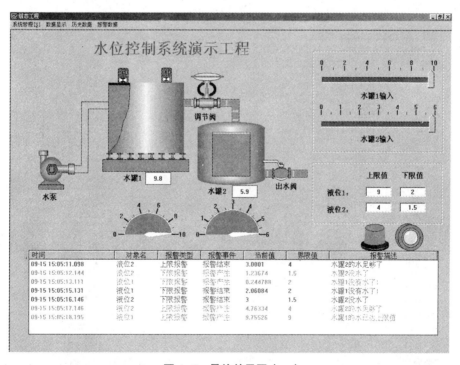

图 4-4　最终效果图（一）

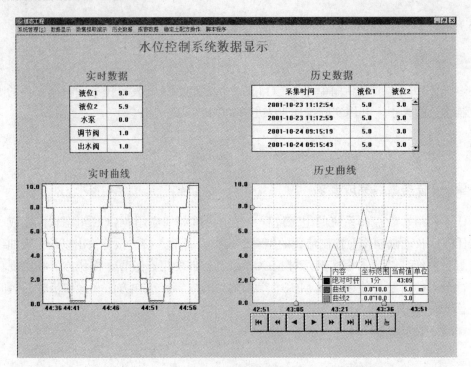

图 4-5　最终效果图（二）

序号	报警对象	报警开始	报警结束	报警类型	报警值	报警限值	报警应答	内容注释
1	液位2	09-13 17:39:34	09-13 17:39:36	上限报警	5.9	5		水罐2的水足够了
2	液位1	09-13 17:39:34	09-13 17:39:36	上限报警	9.8	9		水罐1的水已达上限
3	液位1	09-13 17:39:39	09-13 17:39:41	下限报警	0.2	1		水罐1没有水了！
4	液位2	09-13 17:39:39	09-13 17:39:41	下限报警	0.1	1		水罐2没水了
5	液位1	09-13 17:39:44	09-13 17:39:46	上限报警	9.8	9		水罐1的水已达上限
6	液位2	09-13 17:39:44	09-13 17:39:46	上限报警	5.9	5		水罐2的水足够了
7	液位1	09-13 17:39:49	09-13 17:39:51	下限报警	0.2	1		水罐1没有水了！
8	液位2	09-13 17:39:49	09-13 17:39:51	下限报警	0.1	1		水罐2没水了
9	液位1	09-13 17:47:19	09-13 17:47:21	上限报警	9.8	9		水罐1的水已达上限
10	液位2	09-13 17:47:19	09-13 17:47:21	上限报警	5.9	5		水罐2的水足够了
11	液位1	09-13 17:47:24	09-13 17:47:26	下限报警	0.2	1		水罐1没有水了！
12	液位2	09-13 17:47:24	09-13 17:47:26	下限报警	0.1	1		水罐2没水了
13	液位2	09-13 17:47:29	09-13 17:47:31	上限报警	5.9	5		水罐2的水足够了
14	液位1	09-13 17:47:29	09-13 17:47:31	上限报警	9.8	9		水罐1的水已达上限
15	液位1	09-13 17:47:34	09-13 17:47:36	下限报警	0.2	1		水罐1没有水了！
16	液位2	09-13 17:47:34	09-13 17:47:36	下限报警	0.1	1		水罐2没水了
17	液位1	09-13 17:47:39	09-13 17:47:41	上限报警	9.8	9		水罐1的水已达上限
18	液位2	09-13 17:47:39	09-13 17:47:41	上限报警	5.9	5		水罐1的水足够了
19	液位1	09-13 17:47:44	09-13 17:47:46	下限报警	0.2	1		水罐1没有水了！
20	液位2	09-13 17:47:44	09-13 17:47:46	下限报警	0.1	1		水罐2没水了
21	液位1	09-13 17:47:49	09-13 17:47:51	上限报警	9.8	9		水罐1的水已达上限
22	液位2	09-13 17:47:49	09-13 17:47:51	上限报警	5.9	5		水罐2的水足够了
23	液位1	09-13 17:47:54	09-13 17:47:56	下限报警	0.2	1		水罐1没有水了！
24	液位2	09-13 17:47:54	09-13 17:47:56	下限报警	0.1	1		水罐2没水了
25	液位1	09-13 17:47:59	09-13 17:48:01	上限报警	9.8	9		水罐1的水已达上限
26	液位2	09-13 17:47:59	09-13 17:48:01	上限报警	5.9	5		水罐2的水足够了
27	液位1	09-13 17:48:04	09-13 17:48:06	下限报警	0.2	1		水罐1没有水了！
28	液位2	09-13 17:48:04	09-13 17:48:06	下限报警	0.1	1		水罐2没水了
29	液位1	09-13 17:48:09		上限报警	9.8	9		水罐1的水已达上限
30	液位2	09-13 17:48:09		上限报警	5.9	5		水罐2的水足够了
31	液位1	09-14 09:30:03	09-14 09:30:05	上限报警	9.8	9		水罐1的水已达上限

报警记录次数　1318　　　　　　　　　　　　　　　　设置[S]　打印[P]　退出[X]

图 4-6　最终效果图（三）

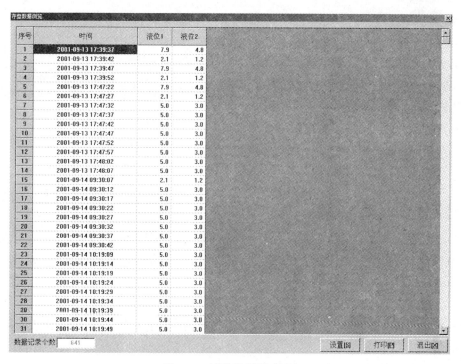

图 4-7 最终效果图（四）

步骤二：工程分析

在开始组态工程之前，先对该工程进行分析，以便从整体上把握工程的结构、流程、需实现的功能及如何实现这些功能。

（1）工程框架。

①两个用户窗口：水位控制和数据显示；

②4个主菜单：系统管理、数据显示、历史数据和报警数据；

③4个子菜单：登录用户、退出登录、用户管理和修改密码；

④5个策略：启动策略、退出策略、循环策略、报警数据和历史数据。

（2）数据对象。

水泵、调节阀、出水阀、液位1、液位2、液位1上限、液位1下限、液位2上限、液位2下限以及液位组。

（3）图形制作。

1）水位控制窗口。

①水泵、调节阀、出水阀、水罐和报警指示灯：由对象元件库引入；

②管道：通过流动块构件实现；

③水罐水量控制：通过滑动输入器实现；

④水量显示：通过旋转仪表和标签构件实现；

⑤报警实时显示：通过报警显示构件实现；

⑥动态修改报警限值：通过输入框构件实现。

2）数据显示窗口。

①实时数据：通过自由表格构件实现；

②历史数据：通过历史表格构件实现；

③实时曲线：通过实时曲线构件实现；

④历史曲线：通过历史曲线构件实现；

⑤流程控制：通过循环策略中的脚本程序策略块实现；

⑥安全机制：通过用户权限管理、工程安全管理和脚本程序实现。

步骤三：建立工程

可以按以下步骤建立样例工程：

（1）单击文件菜单中"新建工程"选项，如果 MCGS 安装在 D 盘根目录下，则会在 D：\MCGS\WORK\ 下自动生成新建工程，默认的工程名为"新建工程 X.MCG"（X 表示新建工程的顺序号，如 0、1、2 等）。

（2）选择文件菜单中的"工程另存为"菜单项，弹出文件保存窗口。

（3）在文件名一栏内输入"水位控制系统"，单击"保存"按钮，工程创建完毕。

①建立画面。

［1］在"用户窗口"中单击"新建窗口"按钮，建立"窗口 0"。

［2］选中"窗口 0"，单击"窗口属性"选项，进入"用户窗口属性设置"。

［3］将窗口名称改为"水位控制"；窗口标题改为"水位控制"；窗口位置选中"最大化显示"，其他不变，单击"确认"按钮。

［4］在"用户窗口"中，选中"水位控制"，单击右键，选择下拉菜单中的"设置为启动窗口"选项，将该窗口设置为运行时自动加载的窗口。如图 4-8 所示。

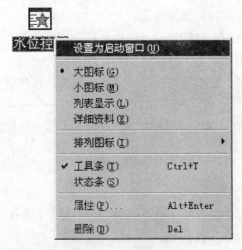

图 4-8　加载窗口

②编辑画面。

选中"水位控制"窗口图标，单击"动画组态"按钮，进入动画组态窗口，开始编辑画面。

③制作文字框图。

[１]单击工具条中的"工具箱"按钮 ⚒，打开绘图工具箱。

[２]选择"工具箱"内的"标签"按钮 **A**，鼠标的光标呈"十"字形，在窗口顶端中心位置拖拽鼠标，根据需要拉出一个一定大小的矩形。

[３]在光标闪烁位置输入文字"水位控制系统演示工程"，按回车键或在窗口任意位置用鼠标单击一下，文字输入完毕。

[４]选中文字框，作如下设置：

单击 🖳（填充色）按钮，设定文字框的背景颜色为"没有填充"；

单击 🖳（线色）按钮，设置文字框的边线颜色为"没有边线"；

单击 🄰（字符字体）按钮，设置文字字体为"宋体"；字型为"粗体"；大小为"26"；

单击 🄰（字符颜色）按钮，将文字颜色设为"蓝色"。

④制作水箱。

[１]单击绘图工具箱中的 🖳（插入元件）图标，弹出"对象元件库管理"对话框，如图４-９所示。

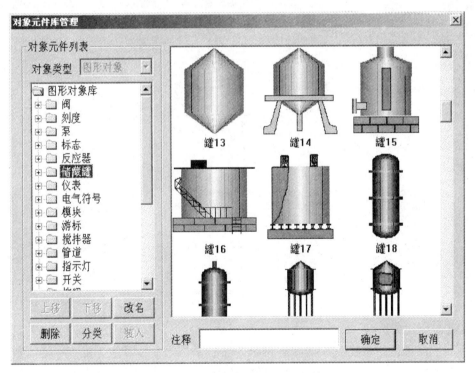

图 4-9　"对象元件库管理"对话框

[２]从"储藏罐"类中选取罐 17 和罐 53。

[３]从"阀"和"泵"类中分别选取两个阀（阀 58 和阀 44）、1 个泵（泵 40）。

[４]将储藏罐、阀和泵调整为适当大小，放到适当位置。

[５]选中工具箱内的流动块动画构件图标 ▯▭，鼠标的光标呈"十"字形，移动鼠标至窗口的预定位置，单击鼠标左键，移动鼠标，在鼠标光标后形成一道虚线，拖动一定距离后，

单击鼠标左键，生成一段流动块。再拖动鼠标（可沿原来方向，也可垂直原来方向），生成下一段流动块。

［6］当用户想结束绘制时，双击鼠标左键即可。

［7］当用户想修改流动块时，选中流动块（流动块周围出现选中标志：白色小方块），鼠标指针指向小方块，按住左键不放，拖动鼠标，即可调整流动块的形状。

［8］使用工具箱中的 **A** 图标，分别对阀、罐进行文字注释。依次为水泵、水罐 1、调节阀、水罐 2 和出水阀。

［9］选择"文件"菜单中的"保存窗口"选项，保存画面。

⑤整体画面。

最后生成的画面如图 4-10 所示。

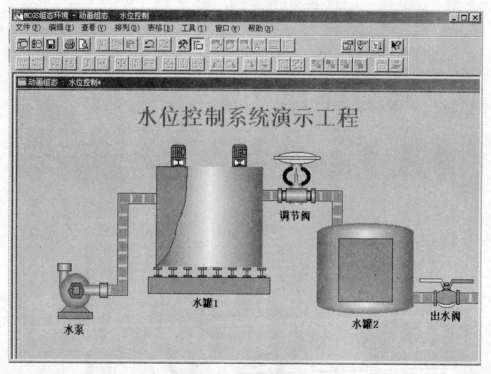

图 4-10　最后生成画面

⑥定义数据对象。

前面我们已经讲过，实时数据库是 MCGS 工程的数据交换和数据处理中心。数据对象是构成实时数据库的基本单元，建立实时数据库的过程也就是定义数据对象的过程。

定义数据对象的内容主要包括：

a. 指定数据变量的名称、类型、初始值和数值范围。

b. 确定与数据变量存盘相关的参数，如存盘的周期、存盘的时间范围和保存期限等。

在开始定义之前，我们先对所有数据对象进行分析。在本样例工程中需要用到以下数据对象，如表 4-1 所示。

表 4-1　所用数据对象的类型和作用

对象名称	类　型	注　释
水泵	开关型	控制水泵"启动"、"停止"的变量
调节阀	开关型	控制调节阀"打开"、"关闭"的变量
出水阀	开关型	控制出水阀"打开"、"关闭"的变量
液位 1	数值型	水罐 1 的水位高度，用来控制 1# 水罐水位的变化
液位 2	数值型	水罐 2 的水位高度，用来控制 2# 水罐水位的变化
液位 1 上限	数值型	用来在运行环境下设定水罐 1 的上限报警值
液位 1 下限	数值型	用来在运行环境下设定水罐 1 的下限报警值
液位 2 上限	数值型	用来在运行环境下设定水罐 2 的上限报警值
液位 2 下限	数值型	用来在运行环境下设定水罐 2 的下限报警值
液位组	组对象	用于历史数据、历史曲线、报表输出等功能构件

下面以数据对象"水泵"为例，绍一下定义数据对象的步骤：

［1］单击工作台中的"实时数据库"窗口标签，进入实时数据库窗口页。

［2］单击"新增对象"按钮，在窗口的数据对象列表中增加新的数据对象，系统缺省定义的名称为"Data1"、"Data2"和"Data3"等（多次单击该按钮，则可增加多个数据对象）。

［3］选中对象，单击"对象属性"按钮，或双击选中对象，则打开"数据对象属性设置"窗口。

［4］将对象名称改为"水泵"；对象类型选择"开关型"；在对象内容注释输入框内输入"控制水泵启动、停止的变量"，单击"确认"按钮。

按照此步骤，根据上面列表，设置其他 9 个数据对象。

定义组对象与定义其他数据对象略有不同，需要对组对象成员进行选择。其具体步骤如下：

［1］在数据对象列表中，双击"液位组"按钮，打开"数据对象属性设置"窗口。

［2］选择"组对象成员"标签，在左边数据对象列表中选择"液位 1"，单击"增加"按钮，数据对象"液位 1"被添加到右边的"组对象成员列表"中。按照同样的方法将"液位 2"添加到组对象成员中。

［3］单击"存盘属性"标签，在"数据对象值的存盘"选择框中选择"定时存盘"，并将存盘周期设为"5s"。

［4］单击"确认"按钮，组对象设置完毕。

⑦动画连接。

由图形对象搭建而成的图形画面是静止不动的，需要对这些图形对象进行动画设计，真实地描述外界对象的状态变化，从而达到过程实时监控的目的。MCGS 实现图形动画设计的主要方法是将用户窗口中图形对象与实时数据库中的数据对象建立相关性连接，并设置相应的动画属性。在系统运行过程中，图形对象的外观和状态特征由数据对象的实时采集值驱动，从而实现图形的动画效果。

本样例中需要制作动画效果的部分包括：水箱中水位的升降；水泵、阀门的启停。

a. 水位升降效果。

水位升降效果是通过设置数据对象"大小变化"连接类型实现的。

具体设置步骤如下：

［1］在用户窗口中，双击水罐1图标，弹出单元属性设置窗口。

［2］单击"动画连接"标签，显示如图4-11所示窗口。

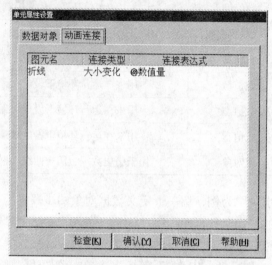

图4-11 "动画连接"窗口

［3］选中折线，在右端出现 ▷ 。

［4］单击 ▷ 进入动画组态属性设置窗口。按照下面的要求设置各个参数。

"表达式"为"液位1"；

"最大变化百分比"对应的"表达式的值"为"10"；

其他参数不变。如图4-12所示：

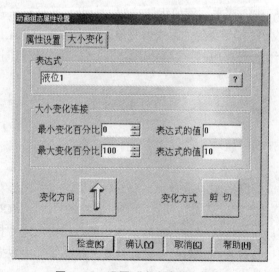

图4-12 设置"大小变化"参数

[5]单击"确认"按钮，水罐1水位升降效果制作完毕。

水罐2水位升降效果的制作同理。单击  进入动画组态属性设置窗口后，按照下面的值进行参数设置：

"表达式"为"液位2"；

"最大变化百分比"对应的"表达式"的值为"6"；

其他参数不变。

b. 水泵、阀门的启停。

水泵、阀门的启停动画效果是通过设置连接类型对应的数据对象实现的。

设置步骤如下：

[1]双击水泵，弹出单元属性设置窗口。

[2]选中"数据对象"标签中的"按钮输入"，右端出现浏览按钮 ？ 。

[3]单击浏览按钮 ？ ，双击数据对象列表中的"水泵"。

[4]使用同样的方法将"填充颜色"对应的数据对象设置为"水泵"。如图4-13所示。

图4-13 水泵启停效果设置

[5]单击"确认"按钮，水泵的启停效果设置完毕。

调节阀的启停效果同理。只需在数据对象标签页中，将"按钮输入"和"填充颜色"的数据对象均设置为"调节阀"。

出水阀的启停效果需在数据对象标签页中，将"按钮输入"和"可见度"的数据对象均设置为"出水阀"。

c. 水流效果。

水流效果是通过设置流动块构件的属性实现的。

实现步骤如下：

［1］双击水泵右侧的流动块，弹出流动块构件属性设置窗口。

［2］在流动属性页中，进行如下设置：

表达式为"水泵=1"；

选择当表达式非零时，流块开始流动。

水罐1右侧流动块及水罐2右侧流动块的制作方法与此相同，只需将表达式相应改为"调节阀=1"，"出水阀=1"即可。

至此动画连接已完成，按【F5】或单击工具条中 图标，进入运行环境，看一下组态后的结果。我们已将"水位控制"窗口设置为启动窗口，所以在运行时，系统自动运行该窗口。

这时我们看见的画面仍是静止的。移动鼠标到"水泵"、"调节阀"和"出水阀"上面的红色部分，鼠标指针会呈手形。单击一下，红色部分变为绿色，同时流动块相应地运动起来，但水罐仍没有变化。这是由于我们没有信号输入，也没有人为地改变水量。我们可以用以下方法改变其值，使水罐动起来。

● 利用滑动输入器控制水位

以水罐1的水位控制为例：

［1］进入"水位控制"窗口。

［2］选中"工具箱"中的滑动输入器 图标，当鼠标光标呈"+"后，拖动鼠标到适当大小。

［3］调整滑动块到适当的位置。

［4］双击滑动输入器构件，进入属性设置窗口。按照下面的值设置各个参数：

"基本属性"页中，滑块指向为"指向左（上）"；

"刻度与标注属性"页中，"主划线数目"为"5"，即能被10整除；

"操作属性"页中，对应数据对象名称为"液位1"；滑块在最右（下）边时对应的值为"10"；

其他不变。

［5］在制作好的滑块下面适当的位置，制作一文字标签，按下面的要求进行设置：

输入文字为"水罐1输入"；

文字颜色为"黑色"；

框图填充颜色为"没有填充"；

框图边线颜色为"没有边线"。

［6］按照上述方法设置水罐2水位控制滑块，参数设置为：

"基本属性"页中，滑块指向为"指向左（上）"；

"操作属性"页中，对应数据对象名称为"液位2"；滑块在最右（下）边时对应的值为"6"；

其他不变。

［7］将水罐2水位控制滑块对应的文字标签设置为：

输入文字为"水罐2输入"；

文字颜色为"黑色"；

框图填充颜色为"没有填充";

框图边线颜色为"没有边线"。

[8]单击工具箱中的常用图符按钮 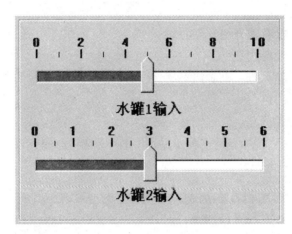，打开常用图符工具箱。

[9]选择其中的凹槽平面按钮 ，拖动鼠标绘制一个凹槽平面，恰好将两个滑动块及标签全部覆盖。

[10]选中该平面，单击编辑条中"置于最后面"按钮，最终效果如图4-14所示。

图4-14　最终效果图

此时按【F5】，进入运行环境后，可以通过拉动滑动输入器而使水罐中的液面动起来。

- 利用旋转仪表控制水位

在工业现场一般都会大量地使用仪表进行数据显示。MCGS组态软件适应这一要求提供了旋转仪表构件。用户可以利用此构件在动画界面中模拟现场仪表的运行状态。具体制作步骤如下：

选取"工具箱"中的"旋转仪表" 图标，调整大小放在水罐1下面适当位置。双击该构件进行属性设置。各参数设置如下：

在"刻度与标注属性"页中，主划线数目为"5";

在"操作属性"页中，表达式为"液位1";最大逆时钟角度为"90"，对应的值为"0";最大顺时针角度为"90"，对应的值为"10";

其他不变。

按照此方法设置水罐2数据显示对应的旋转仪表。各参数设置如下：

在"操作属性"页中，表达式为"液位2";最大逆时钟角度为"90"，对应的值为"0";最大顺时针角度为"90"，对应的值为"6";

其他不变。

进入运行环境后，可以通过拉动旋转仪表的指针使整个画面动起来。

- 水量显示

为了能够准确地了解水罐1和水罐2的水量，我们可以通过设置 A 标签的"显示输出"属性显示其值，具体操作如下：

单击"工具箱"中的"标签"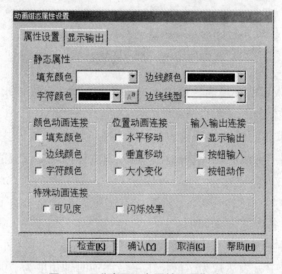图标，绘制两个标签，调整大小位置，将其并列放在水罐 1 下面。

第一个标签用于标注，显示文字为"水罐 1"；

第二个标签用于显示水罐水量。

［1］双击第一个标签进行属性设置，参数设置如下：

输入文字为"水罐 1"；

文字颜色为"黑色"；

框图填充颜色为"没有填充"；

框图边线颜色为"没有边线"。

［2］双击第二个标签，进入动画组态属性设置窗口，参数设置如下：

填充颜色设置为"白色"；

边线颜色设置为"黑色"。

［3］在输入输出连接域中，选中"显示输出"选项，在组态属性设置窗口中则会出现"显示输出"标签，如图 4-15 所示。

图 4-15 "动画组态属性设置"窗口

［4］单击"显示输出"标签，设置显示输出属性，参数设置如下：

表达式为"液位 1"；

输出值类型为"数值量输出"；

输出格式为"向中对齐"；

整数位数为"0"；

小数位数为"1"。

［5］单击"确认"按钮，水罐 1 水量显示标签制作完毕。

水罐 2 水量显示标签与此相同，需做的改动有：第一个用于标注的标签，显示文字为"水罐 2"；第二个用于显示水罐水量的标签，表达式改为"液位 2"。

MCGS 组态软件提供了大量的工控领域常用的设备驱动程序。在本样例中，我们仅以模拟设备为例，简单地介绍一下关于 MCGS 组态软件的设备连接，使用户对该部分有一个概念性的了解。

模拟设备是供用户调试工程的虚拟的设备。该构件可以产生标准的正弦波、方波、三角波和锯齿波信号。其幅值和周期都可以任意设置。

我们通过模拟设备的连接，可以使动画不需要手动操作便可自动运行起来。

通常情况下，在启动 MCGS 组态软件时，模拟设备都会自动装载到设备工具箱中。如果未被装载，可按照以下步骤将其选入：

［1］在工作台"设备窗口"中双击"设备窗口"图标进入。

［2］单击工具条中的"工具箱" 🛠 图标，打开"设备工具箱"。

［3］单击"设备工具箱"中的"设备管理"按钮，弹出如图 4-16 所示窗口。

图 4-16 "设备管理"窗口

［4］在可选设备列表中双击"通用设备"。

［5］双击"模拟数据设备"，在其下方会出现模拟设备图标。

［6］双击模拟设备图标，即可将"模拟设备"添加到右侧选定设备列表中。

［7］选中选定设备列表中的"模拟设备"，单击"确认"按钮，"模拟设备"即被添加到"设备工具箱"中。

下面详细介绍模拟设备的添加及属性设置：

［1］双击"设备工具箱"中的"模拟设备"，模拟设备被添加到设备组态窗口中，如图 4-17 所示。

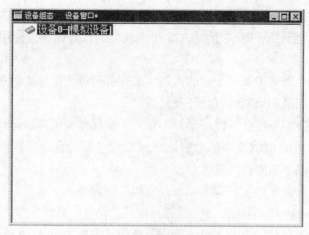

图 4-17 "设备组态"窗口

[2] 双击"设备 0-[模拟设备]",进入模拟设备属性设置窗口,如图 4-18 所示。

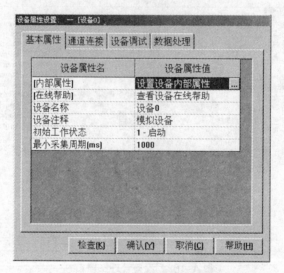

图 4-18 "设备属性设置"窗口

[3] 单击基本属性页中的"内部属性"选项,该项右侧会出现 **...** 图标,单击此按钮进入"内部属性"设置。将通道 1、2 的最大值分别设置为"10"、"6"。

[4] 单击"确认"按钮,完成"内部属性"设置。

[5] 单击通道连接标签,进入通道连接设置。

选中通道 0 对应数据对象输入框,输入"液位 1"或单击鼠标右键,弹出数据对象列表后,选择"液位 1";

选中通道 1 对应数据对象输入框,输入"液位 2",如图 4-19 所示。

图 4-19 添加模拟设备

[6] 进入"设备调试"属性页，即可看到通道值中数据在变化。

[7] 单击"确认"按钮，完成设备属性设置。

d. 编写控制流程。

用户脚本程序是由用户编制的、用来完成特定操作和处理的程序，脚本程序的编程语法非常类似于普通的 Basic 语言，但在概念和使用上更简单直观，力求做到使大多数普通用户都能正确、快速地掌握和使用。

对于大多数简单的应用系统来说，MCGS 的简单组态便可完成。只有比较复杂的系统，才需要使用脚本程序，但正确地编写脚本程序，可简化组态过程，大大提高工作效率，优化控制过程。

本小点主要目的是想通过编写一段脚本程序实现水位控制系统的控制流程，从而熟悉脚本程序的编写环境。

下面先对控制流程进行分析：

当"水罐 1"的液位达到 9m 时，就要把"水泵"关闭，否则就要自动启动"水泵"；

当"水罐 2"的液位不足 1m 时，就要自动关闭"出水阀"，否则自动开启"出水阀"；

当"水罐 1"的液位大于 1m，同时"水罐 2"的液位小于 6m 就要自动开启"调节阀"，否则自动关闭"调节阀"。

具体操作如下：

[1] 在"运行策略"中，双击"循环策略"进入策略组态窗口。

[2] 双击  图标进入"策略属性设置"，将循环时间设为"200ms"，单击"确认"按钮。

[3] 在策略组态窗口中，单击工具条中的"新增策略行" 图标，增加一策略行，如图 4-20 所示。

图 4-20　增加一策略行

　　如果策略组态窗口中没有策略工具箱，单击工具条中的"工具箱" 🛠 图标，便可弹出"策略工具箱"，如图 4-21 所示。

图 4-21　"策略工具箱"窗口

　　[4] 单击"策略工具箱"中的"脚本程序"，将鼠标指针移到策略块图标 ▭ 上，单击鼠标左键，添加脚本程序构件，如图 4-22 所示。

图 4-22　添加脚本程序构件

　　[5] 双击 🐾 进入脚本程序编辑环境，输入下面的程序：

```
IF 液位 1<9 THEN
    水泵 =1
ELSE
    水泵 =0
ENDIF
```

IF 液位 2<1 THEN
　出水阀 =0
ELSE
　出水阀 =1
ENDIF
IF 液位 1>1 and 液位 2<9 THEN
　调节阀 =1
ELSE
　调节阀 =0
ENDIF

　　该程序界面如图 4-23 所示：

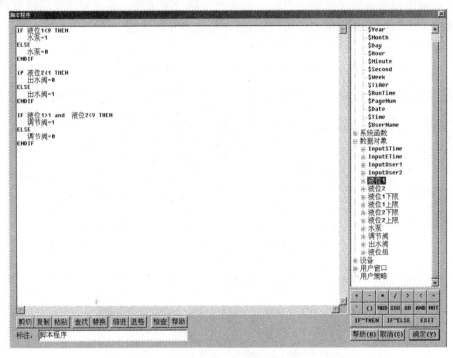

图 4-23　输入程序

　　[6] 单击"确认"按钮，脚本程序编写完毕。
　　e. 报警显示。
　　MCGS 把报警处理作为数据对象的属性，封装在数据对象内，由实时数据库来自动处理。当数据对象的值或状态发生改变时，实时数据库判断对应的数据对象是否发生了报警或已产生的报警是否已经结束，并把所产生的报警信息通知给系统的其他部分。同时，实时数据库根据用户的组态设定，把报警信息存入指定的存盘数据库文件中。
　　● 定义报警
　　本样例中需设置报警的数据对象包括液位 1 和液位 2。
　　定义报警的具体操作如下：

[1] 进入实时数据库，双击数据对象“液位 1”。

[2] 选中“报警属性”标签。

[3] 选中“允许进行报警处理”，报警设置域被激活。

[4] 选中报警设置域中的“下限报警”，报警值设为“2”；报警注释输入“水罐 1 没水了！”。

[5] 选中“上限报警”，报警值设为“9”；报警注释输入“水罐 1 的水已达上限值！”。

[6] 单击“存盘属性”标签，选中报警数据的存盘域中的“自动保存产生的报警信息”。

[7] 单击“确认”按钮，“液位 1”报警设置完毕。

[8] 同理设置“液位 2”的报警属性。需要改动的设置为：

“下限报警”报警值设为“1.5”；报警注释输入“水罐 2 没水了！”；

“上限报警”报警值设为“4”；报警注释输入“水罐 2 的水已达上限值！”。

- 制作报警显示画面

实时数据库只负责关于报警的判断、通知和存储三项工作，而报警产生后所要进行的其他处理操作（即对报警动作的响应），则需要在组态设置时实现。

具体操作如下：

[1] 双击“用户窗口”中的“水位控制”窗口，进入组态画面。选取“工具箱”中的“报警显示”构件。鼠标光标呈“+”字型后，在适当的位置，拖动鼠标至适当大小，如图 4-24 所示。

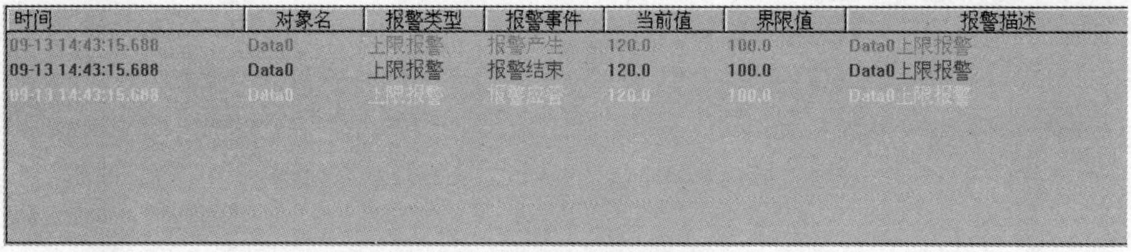

时间 对象名 报警类型 报警事件 当前值 界限值 报警描述
09-13 14:43:15.688 Data0 上限报警 报警产生 120.0 100.0 Data0上限报警
09-13 14:43:15.688 Data0 上限报警 报警结束 120.0 100.0 Data0上限报警
09-13 14:43:15.688 Data0 上限报警 报警应答 120.0 100.0 Data0上限报警

图 4-24 报警显示构件

[2] 选中该图形，双击，再双击弹出报警显示构件属性设置窗口，如图 4-25 所示。

报警显示构件属性设置
基本属性
可见度属性
对应的数据对象的名称
?
报警显示颜色
报警时颜色
正常时颜色
应答后颜色
最大记录次数 0
运行时，允许改变列的宽度
检查(K)
确认(Y)
取消(C)
帮助(H)

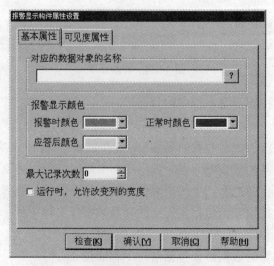

图 4-25 “报警显示构件属性设置”窗口

［3］在基本属性页中，将："对应的数据对象的名称"设为"液位组"；"最大记录次数"设为"6"。

［4］单击"确认"按钮即可。

● 报警数据浏览

在对数据对象进行报警定义时，我们已经选择报警产生时"自动保存产生的报警信息"，我们可以使用"报警信息浏览"构件，浏览数据库中保存下来的报警信息。

具体操作如下：

［1］在"运行策略"窗口中，单击"新建策略"按钮，弹出"选择策略的类型"。

［2］选中"用户策略"，单击"确定"按钮。

［3］选中"策略1"，单击"策略属性"按钮，弹出"策略属性设置"窗口。在"策略名称"输入框中输入"报警数据"；在"策略内容注释"输入框中输入"水罐的报警数据"。如图4-26所示。

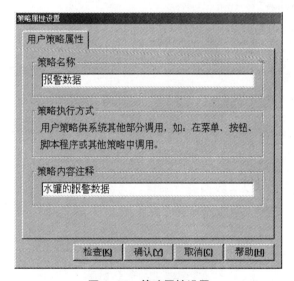

图 4-26　策略属性设置

［4］单击"确认"按钮。

［5］双击"报警数据"策略，进入策略组态窗口。

［6］单击工具条中的"新增策略行" 图标，新增加一个策略行。

［7］从"策略工具箱"中选取"报警信息浏览"，加到策略行 上。

［8］双击 图标，弹出"报警信息浏览构件属性设置"窗口。

［9］进入基本属性页，将"报警信息来源"中的"对应数据对象"改为"液位组"。

［10］单击"确认"按钮，即设置完毕。

可单击"测试"按钮，并进行预览，如图4-27所示。

序号	报警对象	报警开始	报警结束	报警类型	报警值	报警限值	报警应答	内容注释
1	液位2	09-13 17:39:34	09-13 17:39:36	上限报警	5.9	5		水罐2的水足够了
2	液位1	09-13 17:39:34	09-13 17:39:36	上限报警	9.8	9		水罐1的水已达上限
3	液位1	09-13 17:39:39	09-13 17:39:41	下限报警	0.2	1		水罐1没有水了!
4	液位2	09-13 17:39:39	09-13 17:39:41	下限报警	0.1	1		水罐2没水了
5	液位1	09-13 17:39:44	09-13 17:39:46	上限报警	9.8	9		水罐1的水已达上限
6	液位2	09-13 17:39:44	09-13 17:39:46	上限报警	5.9	5		水罐2的水足够了
7	液位1	09-13 17:39:49	09-13 17:39:51	下限报警	0.2	1		水罐1没有水了!
8	液位2	09-13 17:39:49	09-13 17:39:51	下限报警	0.1	1		水罐2没水了
9	液位1	09-13 17:47:19	09-13 17:47:21	上限报警	9.8	9		水罐1的水已达上限
10	液位2	09-13 17:47:19	09-13 17:47:21	上限报警	5.9	5		水罐2的水足够了
11	液位1	09-13 17:47:24	09-13 17:47:26	下限报警	0.2	1		水罐1没有水了!
12	液位2	09-13 17:47:24	09-13 17:47:26	下限报警	0.1	1		水罐2没水了
13	液位2	09-13 17:47:29	09-13 17:47:31	上限报警	5.9	5		水罐2的水足够了
14	液位1	09-13 17:47:29	09-13 17:47:31	上限报警	9.8	9		水罐1的水已达上限
15	液位2	09-13 17:47:34	09-13 17:47:36	下限报警	0.1	1		水罐2没水了
16	液位1	09-13 17:47:34	09-13 17:47:36	下限报警	0.2	1		水罐1没有水了!
17	液位1	09-13 17:47:39	09-13 17:47:41	上限报警	9.8	9		水罐1的水已达上限
18	液位2	09-13 17:47:39	09-13 17:47:41	上限报警	5.9	5		水罐2的水足够了
19	液位1	09-13 17:47:44	09-13 17:47:46	下限报警	0.2	1		水罐1没有水了!
20	液位2	09-13 17:47:44	09-13 17:47:46	下限报警	0.1	1		水罐2没水了
21	液位1	09-13 17:47:49	09-13 17:47:51	上限报警	9.8	9		水罐1的水已达上限
22	液位2	09-13 17:47:49	09-13 17:47:51	上限报警	5.9	5		水罐2的水足够了
23	液位1	09-13 17:47:54	09-13 17:47:56	下限报警	0.2	1		水罐1没有水了!
24	液位2	09-13 17:47:54	09-13 17:47:56	下限报警	0.1	1		水罐2没水了
25	液位1	09-13 17:47:59	09-13 17:48:01	上限报警	9.8	9		水罐1的水已达上限
26	液位2	09-13 17:47:59	09-13 17:48:01	上限报警	5.9	5		水罐2的水足够了
27	液位1	09-13 17:48:04	09-13 17:48:06	下限报警	0.2	1		水罐1没有水了!
28	液位2	09-13 17:48:04	09-13 17:48:06	下限报警	0.1	1		水罐2没水了
29	液位2	09-13 17:48:09		上限报警	5.9	5		水罐2的水足够了
30	液位1	09-13 17:48:09		上限报警	9.8	9		水罐1的水已达上限

报警记录次数 30   设置[S] 打印[P] 退出[X]

图 4-27 预览效果

在该窗口中，用户也可以对数据进行编辑。编辑结束退出时，会弹出如图 4-28 所示的窗口，单击"是"按钮，就可对所做编辑进行保存。

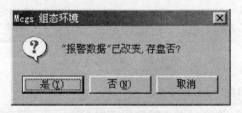

图 4-28 退出时弹出窗口

下面我们来了解一下：怎样在运行环境中看到报警数据。

[1] 在 MCGS 工作台上，单击"主控窗口"。

[2] 选中"主控窗口"，单击"菜单组态"进入。

[3] 单击工具条中的"新增菜单项" 图标，即产生"操作 0"菜单。

[4] 双击"操作 0"菜单，弹出"菜单属性设置"窗口。进行如下设置：

在"菜单属性"页中，将菜单名改为"报警数据"；

在"菜单操作"页中，选中"执行运行策略块"，并从下拉式菜单中选取"报警数据"。

[5] 按"确认"按钮，即设置完毕。

按【F5】进入运行环境，就可以单击菜单"报警数据"打开报警历史数据。

● 修改报警限值

在"实时数据库"中，对"液位1"、"液位2"的上下限报警值都是已定义好的。如果用户根据实际情况需要想在运行环境下随时改变报警上下限值，又如何实现呢？在 MCGS 组态软件中，为用户提供了大量的函数，可以根据用户的需要灵活地运用。

● 报警提示按钮

当有报警产生时，可以用指示灯提示。具体操作如下：

［1］在"水位控制"窗口中，单击"工具箱"中的"插入元件" 图标，进入"对象元件库管理"。

［2］从"指示灯"类中选取指示灯1、指示灯3，分别为： 、 。

［3］调整大小放在适当位置。

 作为"液位1"的报警指示；

 作为"液位2"的报警指示。

［4］双击 ，打开单元属性设置窗口。

填充颜色对应的数据对象连接设置为"液位1>= 液位1上限 or 液位1<= 液位1下限"，如图4-29所示。

图 4-29　填充颜色设置

同理设置指示灯3 ，"可见度"对应的数据对象连接设置为"液位2>= 液位2上限 or 液位2<= 液位2下限"。

按【F5】进入运行环境，整体效果如图4-30所示。

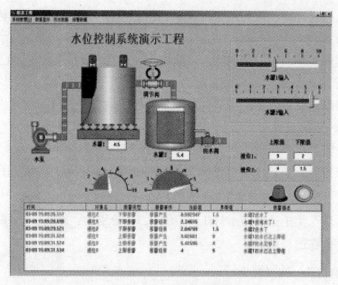

图 4-30 整体效果图

f. 报表输出。

在工程应用中，大多数监控系统需要对设备采集的数据进行存盘，统计分析，并根据实际情况打印出数据报表。所谓数据报表，就是根据实际需要以一定格式将统计分析后的数据记录显示和打印出来，如实时数据报表以及历史数据报表（班报表、日报表和月报表等）。数据报表在工控系统中是必不可少的一部分，是数据显示、查询、分析、统计和打印的最终体现，是整个工控系统的最终结果输出；数据报表是对生产过程中系统监控对象的状态的综合记录和规律总结。

● 最终效果图

报表输出最终效果图如图 4-31 所示。

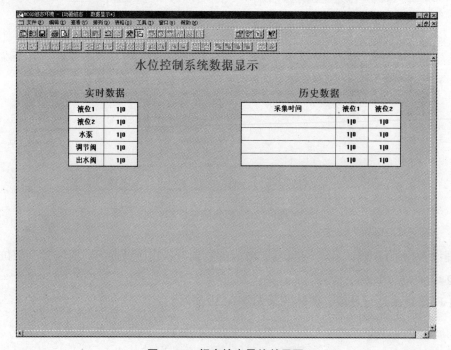

图 4-31 报表输出最终效果图

图中包括：

一个标题：水位控制系统数据显示；两个标签：实时数据、历史数据；两个报表：实时报表、历史报表。

用到的构件：自由表格、历史表格和存盘数据浏览。

● 实时报表

实时报表是对瞬时量的反映，通常用于将当前时间的数据变量按一定报告格式（用户组态）显示和打印出来。实时报表可以通过 MCGS 系统的自由表格构件来组态显示实时数据报表。

具体制作步骤如下：

［1］在"用户窗口"中，新建一个窗口，窗口名称、窗口标题均设置为"数据显示"。

［2］双击"数据显示"窗口，进入动画组态。

［3］按照效果图 4-31，使用"标签" Ａ ，制作。

［4］选取"工具箱"中的"自由表格" ▦ 图标，在桌面适当位置，绘制一个表格。

［5］双击表格进入编辑状态。改变单元格大小的方法同微软的 Excel 表格的编辑方法。即：把鼠标光标移到 A 与 B 或 1 与 2 之间，当鼠标光标呈分隔线形状时，拖动鼠标至所需大小即可。

［6］保持编辑状态，单击鼠标右键，从弹出的下拉菜单中选取"删除一列"选项，连续操作两次，删除两列。再选取"增加一行"，在表格中增加一行。

［7］在 B 列中，选中液位 1 对应的单元格，单击右键。从弹出的下拉菜单中选取"连接"项，如图 4-32 所示。

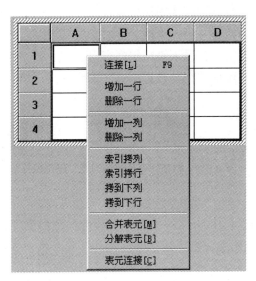

图 4-32　选取"连接"项

［8］再次单击右键，弹出数据对象列表，双击数据对象"液位 1"，B 列 1 行单元格所显示的数值即为"液位 1"的数据。

［9］按照上述操作，将 B 列的 2、3、4 和 5 行分别与数据对象：液位 2、水泵、调节阀

和出水阀建立连接。如图 4-33 所示。

连接	A*	B*
1*		液位1
2*		液位2
3*		水泵
4*		调节阀
5*		出水阀

图 4-33 建立连接

[10] 进入"主控窗口"中，单击"菜单组态"，增加一名为"数据显示"的菜单，菜单操作为：打开用户窗口；数据显示。按【F5】进入运行环境后，单击菜单项中的"数据显示"，即可打开"数据显示"窗口。

- 历史报表

历史报表通常用于从历史数据库中提取数据记录，并以一定的格式显示历史数据。实现历史报表有三种方式：

第一种利用策略构件中的"存盘数据浏览"构件；

第二种是利用动画构件中的"历史表格"构件；

第三种是利用动画构件中的"存盘数据浏览"构件。

在本样例中仅介绍前两种。

利用"存盘数据浏览"策略构件实现历史报表：

[1] 在"运行策略"中新建一用户策略。

[2] 双击"历史数据"策略，进入策略组态窗口。

[3] 新增一策略行，并添加"存盘数据浏览"策略构件，如图 4-34 所示。

图 4-34 添加"存盘数据浏览"策略控件

[4] 双击 ![图标] 图标，弹出"存盘数据浏览构件属性设置"窗口。

[5] 在数据来源页中，选中 MCGS 组对象对应的存盘数据表，并在下面的输入框中输入文字"液位组"（或者单击输入框右端的 ? 图标，从数据对象列表中选取组对象"液位组"）。

[6] 在显示属性页中，单击"复位"按钮，并在液位 1、液位 2 对应的"小数"列中输入"1"，"时间显示格式"除毫秒外全部选中，如图 4-35 所示。

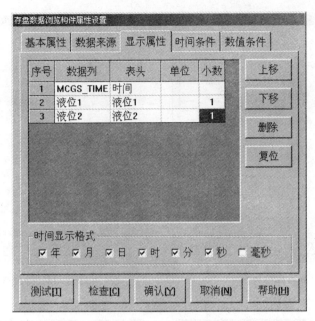

图 4-35 显示属性设置

利用"历史表格"动画构件实现历史报表：

历史表格构件是基于"Windows 下的窗口"和"所见即所得"机制的，用户可以在窗口上利用历史表格构件强大的格式编辑功能配合 MCGS 的画图功能作出各种精美的报表。

〔1〕在"数据显示"组态窗口中，选取"工具箱"中的"历史表格" 构件，在适当位置绘制一历史表格。

〔2〕双击历史表格进入编辑状态。使用右键菜单中的"增加一行"和"删除一行"按钮，或者单击 按钮，使用编辑条中的 、 、 和 编辑表格，制作一个 5 行 3 列的表格。参照实时报表部分相关内容制作，列表头分别为：采集时间、液位 1、液位 2；数值输出格式均为：1|0。参见效果图 4-31。

〔3〕选中 R2、R3、R4 和 R5，单击右键，选择"连接"选项。

〔4〕单击菜单栏中的"表格"菜单，选择"合并表元"项，所选区域会出现反斜杠。

〔5〕双击该区域，弹出"数据库连接设置"对话框，具体设置如下：基本属性页中，"连接方式"选取"在指定的表格单元内，显示满足条件的数据记录"、"按照从上到下的方式填充数据行"、"显示多页记录"。数据来源页中，选取"组对象对应的存盘数据"的"组对象名"为"液位组"。显示属性页中，单击"复位"按钮。时间条件页中，"排序列名"为"MCGS_TIME"、"升序"；时间列名为"MCGS_TIME"；选中"所有存盘数据"。如图 4-36 ~ 图 4-39 所示。

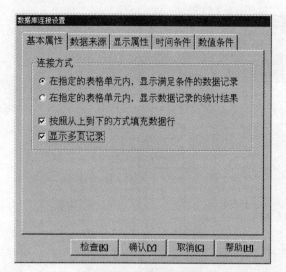

图 4-36　基本属性界面

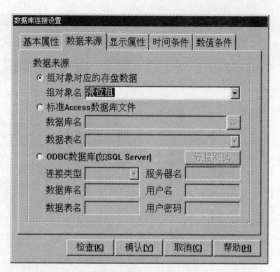

图 4-37　数据来源界面

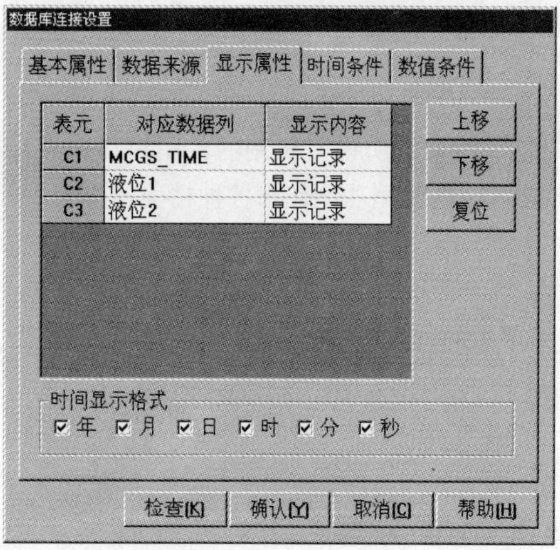

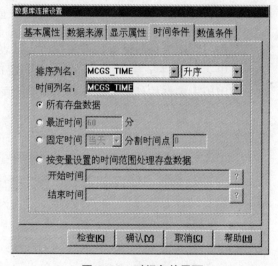

图 4-38　显示属性界面

图 4-39　时间条件界面

课后任务

1. 介绍 MCGS 水位控制系统需求。

2. 说明 MCGS 水位控制系统报警要求。

3. 说明 MCGS 水位控制系统的联动关系。

项目五 工业计算机故障诊断与维护

任务一 通用工业计算机及外围设备故障诊断与维护

（1）了解工业计算机常见硬件故障。
（2）掌握工业计算机常见硬件故障维护方法及步骤。
（3）能根据故障现象进行分析和解决。
（4）学会检测出工业计算机硬件故障。

在工控机的使用过程中，常常会发生各种各样的故障。故障产生的原因是多方面的，要排除故障，必须先分析故障的起因，然后再对症下药，排除故障。工控机故障大致可分为软件故障和硬件故障两大类。在本任务中，我们主要介绍了工业计算机硬件故障的检测与维护。

步骤一：硬件故障的检测与维护

工业计算机故障的诊断方法：判断工业计算机系统的故障，一般的原则是"先软后硬，先外后内"。

工业计算机故障诊断的一般步骤如下：

1. 先判断是软件故障还是硬件故障

当启动工业计算机后系统能进行自检，并能显示自检后的系统配置情况时，可以判断主机硬件基本上没问题，故障可能是由软件引起的。

2. 进一步确定软件引起故障的原因

如果是软件引起的故障，则需要进一步确定是操作系统还是应用软件的原因，可以先将应用软件删除，然后重新安装。如果还有问题，则可以判断是操作系统的故障，这时需要重新安装操作系统。

步骤二：硬件故障

硬件故障是指因工业计算机系统中的硬件系统部件中元器件损坏或性能不稳定而引起的故障。造成硬件故障的原因通常会有以下几种：元器件故障、机械故障、存储器故障和硬件故障。

元器件故障主要是板卡（主板、声卡、显卡和网卡等）上的元器件、接插件和印制板等引起的。例如，主板上的电阻、电容和芯片的损坏即为元器件故障；ISA 插槽、PCI 插槽、AGP 插槽、内存条插槽和键盘鼠标接口、打印机接口、显卡接口的损坏即为接插件故障；印制电路板的损坏即为印制板故障。

机械故障主要是硬盘使用时产生共振，硬盘、软驱的磁头发生偏转或者人为的物理破坏等。

存储器故障主要是使用频繁等原因使外存储器磁道损坏，或因为电压过高造成的存储芯片烧掉等。这类故障通常发生在内存条、硬盘、光驱和软驱的芯片上。

硬件故障是指由工业计算机硬件引起的故障，涉及工业计算机主板内的各种板卡、存储器、显示器和电源等。常见的硬件故障有以下表现：

（1）电源故障。导致系统和部件没有供电或只有部分供电。

（2）部件工作故障。工业计算机中的主要部件如主板、内存条、声卡、显卡、硬盘、显示器、键盘、磁盘驱动器和鼠标等硬件元器件产生的故障，造成部件工作不正常。

（3）元器件或芯片松动、接触不良、脱落，或者温度过高而不能正常运行。

（4）工业计算机外部和内部的各部件间的连接电缆或接插头松动，甚至松脱或错误连接。

（5）板卡的跳线连接脱落、连接错误，或开关设置错误，而构成非正常的系统配置。

1. 硬件故障的诊断及处理

对于工业计算机的硬件故障，正确诊断和排除就比较复杂了。工业计算机硬件故障诊断涉及一些硬件知识和软件知识。但作为普通的使用者来说，通常只要掌握硬件故障检测的基本步骤和方法，当工业计算机发生故障时，能大致确定故障发生的部件，并有针对性地进行部件调换维修即可。

当排除是软件故障后，就要进一步区分是主机故障还是外部设备的故障。具体诊断步骤如下：

（1）由表及里。

检测硬件故障时，应先从表面查起，先检查工业计算机的外部部件如开关、插头、插座和引线等是否没连接或松动。外部故障排除后，再检查内部，检查接插器件是否有松动现象，元器件是否有烧坏的现象等。

（2）先电源后负载。

工业计算机硬件故障中电源出现故障的情况很常见，检查时应从供电系统到稳压系统再到工业计算机内部的电源。检查电压的稳定和保险丝等部分。如果电源没有问题，可以检查工业计算机本身，即工业计算机系统的各部件及外部设备部分。

（3）先外部设备再主机。

从工业计算机的价格可靠性来说，主机要优于外部设备，而且外部设备检查起来比主机容易。所以，在检测故障时，可以先去掉所有暂时可不连接的外设，再进行检查。如果没有问题，则说明故障出在外部设备上；反之，则说明故障出在主机上。

（4）先静态后动态。

当确定是主机的问题后，可以打开机箱进行检查。这时的步骤是先在不通电的情况（即静电）下直接观察或用电笔等工具进行测试，然后再通电让工业计算机系统工作后进行检查。

（5）先共性后局部。

工业计算机中的某些部件如果出现故障，会影响其他部分的工作，而且涉及面很广。例如，主板出现故障，则其他板卡都不能正常工作。所以，应先诊断是否为主板故障，再排除其他板卡的局部性故障。

2. 常见的硬件故障查找方法

常用的工业计算机硬件故障查找方法如下：

（1）清洁法。

因为工业计算机属于精密设备，所以它对于工作环境的要求很高。随着工业计算机的普及，人们对于工业计算机所处的环境已经不太在意。有的机房或个人用户家庭中使用环境较差，加之使用较长时间的工业计算机也不进行必要的清洁。所以，当工业计算机出现硬件故障时首先应进行清洁，可以使用毛刷轻轻刷去灰尘，清洁完毕后再进行下一步的检查。

另外，由于板卡现在一般用的是"即插即用"技术，在一些插卡或芯片插脚处常因为灰尘等其他原因造成引脚氧化，致使接触不良而导致故障的发生。这就可以将板卡取下来，用橡皮擦去表面氧化层附着的物质，再重新插好后开机检查故障是否排除。

（2）直观法。

所谓直观法，是指"看"、"闻"、"听"和"摸"。即通过表面的直观现象观察来判断可能是什么部件发生了什么问题。

"看"：即在加电前观察板卡的插头、插座是否有歪斜、松动的现象，表面是否有烧焦等，以及印刷电路有无出现断裂的情况，电阻、电容引脚是否相碰等情况，有时不光用肉眼观看，还可以通过放大镜进行观察。

"闻"：发生连线、板卡烧焦时，会发出难闻的味道，这对于发现故障和确定短路很有利。

"听"：即监听电源风扇、CPU 的风扇有无异常。可以通过"听"自检故障报警声的方式，判别故障所在。

"摸"：即用手轻轻地按压各个插座，芯片是否有松动或接触不良的情况，另外用手触摸并感觉 CPU 芯片、主板上的芯片温度是否异常，如果发现十分烫手，则可能该芯片被损坏。对于中小规模的集成电路，一般表面温度不会超过 40℃ ~ 50℃。

（3）拔插法。

主板自身故障、I/O 总线故障以及各种插卡故障均可能导致工业计算机故障的发生，可用拔插法来确定故障是出在主板上还是出在 I/O 设备上。但是使用此方法之前一定要先将工业计算机关闭，然后轮流将板卡拔出，并且在每拔出一块板卡后就开机测试工业计算机是否能正常运行，一旦拔出某块板卡后主板运行正常，那么故障原因就是该插件板故障或相应 I/O 总线槽及负载电路故障。若拔出所有插件后系统启动仍不正常，那么问题很可能就出在主板上。

（4）替换法。

替换法是在工业计算机出现故障时最直接的解决方法之一。工业计算机内部配件众多，而且几乎每一个都可装卸，所以通过替换工业计算机内部配件，往往能迅速地检查出故障所在。

如果在容易插拔的维修环境下，可将同规格、同功能且没有故障的板卡相互交换，根据故障现象的变化情况判断故障所在。例如，内存自检出现故障，可用同规格的没有故障的内存来替换，如果变换后故障现象消失，则说明换下的那块内存有问题。

（5）比较法。

如果手头有两台或更多相同或相似的工业计算机，可以同时运行这些工业计算机，并且都执行相同操作，根据不同表现可以初步判断故障产生的部位，也可以用正确的参数与有故障机器的波形、电压以及电阻值进行比较，检查哪一个组件的波形、电压和电阻值与之不符，根据逻辑电路图逐级测量，分析后确定故障的位置。

（6）振动敲击法。

我们有时在工业计算机出现故障时会用手指敲击机箱外壳，这时所采用的方法就是振动敲击法，只不过要注意在振动敲击时一定不要太用力，因为故障可能是由接触不良或虚焊造成的。如果振动敲击的力度过大，有可能会松动其他部件而又导致其他故障的出现。

（7）升温/降温法。

在工业计算机的各个部件中，有很多部件只有在适合的温度下才能正常工作。我们可以人为地升高工业计算机运行环境的温度，事实上采用的是故障促发原理，以制造故障出现的条件来促使故障频繁出现，再根据不同的部件对温度的不同要求来观察，并判断故障所在的位置。

（8）软件测试法。

现在有许多测试类软件，可以利用它们对硬件进行测试，通过测试的数据来判断哪个部件出现了问题。熟悉各种诊断程序与诊断工具（如 Debug 和 DM 等）、掌握各种地址参数（如各种 I/O 地址）以及电路组成原理等，尤其要掌握各种接口单元正常状态的诊断参考值，这是有效运用软件测试法的前提基础。

（9）测量法。

测量法是一种常用的方法，使用这种方法需要用户会使用万用表和示波器等测量工具。测量法又分为在线测量法和静态测量法两种。在线测量法就是在开机的状态下，将工业计算机停止在某一种状态，利用万用表和示波器等测量工具测量所需的电阻值、电压值及波形等数据，从而找到故障的原因。如果在关机或组件与主机分离的状态下对故障部分进行测量，则称为静态测量法。

除此以外，还可以利用 BIOS 自检时的响铃声来判别硬件故障的来源。BIOS 自检时，如果工控机有故障，机器会响铃。Award BIOS 和 AMI BIOS 的情况有所不同，具体可参考表 5-1 和表 5-2，根据自己的经验来判断出故障所在。

表 5-1　Award BIOS 自检响铃及其意义

一短	系统正常启动
两短	常规错误，请进入 CMOS Setup，重新设置不正确的选项
一长一短	RAM 或主板出错
一长两短	显示器或显示卡错误
一长三短	键盘控制器错误，检查主板
一长九短	主板 Flash RAM 或 EPROM 错误，BIOS 损坏
不断地响（长声）	内存条未插紧或损坏
不停地响	电源、显示器未和显卡连接好，检查所有的插头
重复短响	电源问题
无声音、无显示	电源问题

表 5-2　AMI BIOS 自检响铃及其意义

一短	内存刷新失败，更换内存条
两短	内存 ECC 校验错误
三短	系统基本内存检查失败（第一个 64KB），换内存
四短	系统时钟出错
五短	中央处理器（CPU）错误
六短	键盘控制器错误
七短	系统实模式错误，不能切换到保护模式
八短	显示内存错误，显示内存有问题，更换显示卡
九短	ROM BIOS 检验和错误
长三短	内存错误，内存损坏，更换即可
一长八短	显示测试错误，显示器数据线没有插好或显示卡没有插牢

3. 工控机常见硬件故障的分析处理

（1）CPU 及其风扇故障。

1）CPU 温度过高引起自动热启动。

故障现象：一台工控机，经常在开机运行段时间后自行热启动，有时甚至一连数次不停，关机片刻后重新开机，恢复正常，但数分钟后又出现上述现象。

故障分析与处理：打开机箱，加电后仔细观察，发现 CPU 上的风扇没有转，断电后用手触摸小风扇和 CPU，感觉很烫，从而断定故障原因是 CPU 散热不畅、温度过高导致。小心拆下风扇，发现一端的接线插头松脱，将其插紧后加电运行，一切正常。

2）CPU 风扇导致的"死机"。

故障现象：一台工控机的 CPU 风扇在转动时忽快忽慢，在进行工控机操作时会死机。

故障分析与处理：死机的原因是由于 CPU 风扇转速降低或不稳定所导致，大部分 CPU 风扇的滚珠与轴承之间会使用润滑油，随着润滑油的老化，其润滑效果就越来越差，导致滚珠与轴承之间摩擦力变大，这就会导致风扇转动时而正常时而缓慢。可更换质量较好的风扇，或卸下原来的风扇并拆开，将里面已经老化的润滑油擦除，加入新润滑油。

（2）主板故障分析。

1）AGP 插槽结垢导致"黑屏"。

故障现象：一台工控机开机后显示器"黑屏"，指示灯呈橘红色，主机无报警声。

故障分析与处理：打开机箱，把显卡取下后再开机，报警声为一长两短。在另一台工控机的电脑上试一下显卡，使用正常，判断问题出在 AGP 槽上。仔细检查 AGP 槽，发现槽内有两根针脚已变为黑色，针脚结垢后无法与显卡完全接触导致黑屏，用棉花签蘸酒精对针脚进行反复清洁后，安装显卡，开机后正常。

2）更换主板后不能识别硬件。

故障现象：一台使用 Windows 系统的工控机，当更换主板后出现显卡驱动程序不能正常安装，每次按提示安装驱动程序并重新启动系统后，依然提示显示安装不正常，只能设置16 色。

故障分析与处理：引起这种故障主要是因为更换主板造成 Windows 系统设置冲突，造成总线控制设备驱动程序不能正常安装，其解决办法是在"控制面板"窗口中打开"系统"对话框，然后在"设备管理器"选项卡中删除带有黄色感叹号的选项。

重新启动系统，系统会自动提示找到各种硬件，按照提示安装各种设备的驱动程序。

（3）内存故障。

1）内存条接触不良引起"死机"。

故障现象：一台工控机将两条 32MB 内存条升级为两条 128MB 内存条后，启动时发出蜂鸣声，并且显示器黑屏。

故障分析与处理：根据机器发出的蜂鸣声已经可以判断出是内存条引起的黑屏现象。关机后检查内存条安装情况，发现两条内存中有条内存的插孔未与插槽的引脚完全接触，有单侧悬空的现象，重新将内存条安装好后开机，故障消失。

2）不同内存混插出错。

故障现象：一台装有 32MB 内存的工控机，增加一条 64MB 的内存后，系统经常出现死机现象。

故障分析与处理：此现象的问题出在内存的混合使用上。在添加内存前应先检查一下，要混合使用的内存速度是否一致。不同速度的内存混合使用时，最好把 CMOS 中有关内存速度的设置设得低一些。如果还不能解决死机现象，可以试着交换内存的插槽，如果问题没有解决，只有将其中的 32MB 内存条取下，或者再用与增加的内存条型号相同的内存条替换原来的 32MB 内存。

（4）硬盘故障。

1）硬盘跳线错误引起的故障。

故障现象：一台工控机原装硬盘只有 8.4GB，想再加一个 40GB 的硬盘，因工控机本身用的是双硬盘线，于是将 40GB 的硬盘接在双硬盘线的第二个接口上，接好硬盘电源。重新设置 CMOS 后通电，屏幕显示："No operation system or disk error"。

故障分析与处理：用 CMOS 自动检测硬盘参数，发现两个硬盘都没有检测到，当去掉40GB 的硬盘后又恢复正常，于是确认是第二个硬盘的问题。拆下第二个硬盘后发现其跳线处在"Master"（主硬盘）状态，而原装硬盘也是处于"Master"状态，因为工控机不能同时默认两个主硬盘，可将第二个硬盘的跳线设为"Slave"（从硬盘）状态，通电后再用CMOS 检测，一切正常。

2）硬盘控制器出错。

故障现象：工控机启动时提示"HDD controller Failure（硬盘驱动器控制失败）"。

故障分析与处理：造成该故障的原因一般是硬盘线接口接触不良或接线错误。先检查硬盘电源线与硬盘的连接，再检查硬盘数据信号线与多功能卡或硬盘的连接，如果连接松动或连线接反都会有上述提示。故障也可能是因为硬盘的类型设置参数与原格式化时所用的参数不符。由于 IDE 硬盘的设置参数是逻辑参数，所以多数情况下由软盘启动后，C 盘能够正常读写，只是不能启动。将硬盘的类型设置参数与原格式化时所用的参数设置一致即可消除故障。

（5）显卡与显示器故障。

1）显卡能自检但黑屏。

故障现象：一台工控机开机后屏幕无任何显示，但有自检声。

故障分析与处理：观察显示器指示灯，发现灯为橘黄色，显然是显示控制信号未能正常传输至显示器，检查显示器与显卡的连接情况，未发现接触不良现象。检查显卡与主板插槽之间的接触，发现有松动现象，重新安装显卡并拧紧螺丝后开机测试，显示正常。

2）显示器偏色。

故障现象：显示器左边发红，右边发青。

故障分析与处理：显示器偏色一般是因为显像管被磁化，可以使用显示器自身的消磁功能或用"消磁棒"之类的设备消磁，如果无效，可能就是显示器的质量问题，应尽快更换或送到专业维修点维修。

3）显示器开机后缺绿色。

故障现象：显示器显示画面缺绿色。

故障分析与处理：显示器缺少某种颜色，可能是由于 RGB 三种信号的输入端缺少某种颜色信号，或从 RGB 输入端到显像管之间的三个阴极的通道某个环节上发生故障。这个通道包括信号处理电路、视频放大电路、保护和显像电路。这是显示器的质量问题，应尽快更换或送到专业维修点维修。

4）分辨率设置引起显示器花屏。

故障现象：一台工控机屏幕的分辨率设置为 800×600 增强色（16 位）时使用正常，当把分辨率设为 1024×768 真彩色（24 位）时，屏幕出现花屏。

故障分析与处理：出现这种故障的原因是显示器不支持高分辨率，需要恢复到原来的状态，可通过启动安全模式来处理。其方法如下：

①新启动工控机，按【F8】键后选择"Safe Mode"进入安全模式下打开"显示属性"对话框，选择"设置"选项。

②单击"高级 / 适配器"命令，把"刷新速度"由"未知"改为"默认的适配器"，确定后系统会提示重新启动工控机，单击"确定"按钮后系统会再次出现确认信息。

③单击"确定"按钮后重新启动工控机即可。

5）不能显示某种颜色或显示不正确。

故障现象：一台工控机的显示器不能显示某种颜色或显示不正确。

故障分析与处理：显示器通过将红色、绿色和蓝色组合起来形成屏幕上显示的多种颜色。三束不同的电子枪以三种不同的颜色将画面显示在屏幕上，然后显示器将这三种颜色混合起来形成一幅完整的画面。如果其中的一束电子枪不能正常工作，画面看上去就会像少一种颜色。此时，可以先检查显示器与工控机之间的电缆，如果电缆有异常或被不正常拉伸，它就会阻碍这三种颜色中的某一种颜色信号。要保证电缆上针的数量和分布与连接孔匹配，一旦不匹配，显示器就不会接收到正确的信号。有时显示器内部显卡与电路板之间的连接松动会导致某种颜色消失，如果出现这种情况最好送到专业修理部进行维修。

（6）光驱故障。

1）光驱无法使用。

故障现象：一台工控机安装光驱后光驱无法使用。

故障分析与处理：对于光驱无法使用的情况，可以从以下几方面来处理。

①检查驱动程序及系统设置。

如果光驱只是在系统中无法使用，则说明光驱本身及连接等无故障，说明是由软件故障造成的，如没有安装驱动程序、驱动程序安装不正确、发生资源冲突或设置错误等。

②查看计算机的启动信息。

在启动计算机时查看是否有检测到光驱的信息。如果在启动计算机时无法检测到光驱的信息，则说明光驱存在硬件故障，只能更换或维修光驱。

③查看连接及跳线设置。

检查光驱数据线是与光驱连接，还是与主板连接，查看是否接反，查看光驱是否与不支持光驱使用的板卡相连接，光驱是否连接在声卡上，检查光驱电源线是否接触不良以及跳线为主、从是否设置正确。

2）光驱读盘时提示错误信息。

故障现象：当使用光驱时，提示出错信息且不能使用。

故障分析与处理：对于不同的常见错误信息要采取不同的处理方法，有以下几种方式。

①未安装驱动程序或驱动程序安装不正确。

如果在使用中出现"Invalid Drive Specification"提示，则表明无光驱或未安装光驱驱动程序，只需重新安装光驱驱动程序即可。

②光驱的夹盘装置夹盘不紧。

可能由于长时间的使用，使光驱的夹盘装置夹盘不紧，光盘片不能正常旋转，从而使光盘无法正常被读取。

③光盘没有就位。

如果放入光驱中的光盘还没有完全就位就对光驱进行操作，这样也会出现出错信息，尤其是在播放 VCD 时。一般把光盘放入光驱中，等到光驱的指示灯熄灭后再对光盘进行操作。

④光驱部件故障。

光驱的某部件出现了故障，使得读盘出错，这种情况只能更换或维修光驱。

⑤主机电源负载能力差。

如果主机的电源负载能力差，也可能出现光驱读盘报错的现象。可试着减轻电源的负载后再对出现错误信息的光盘进行读取。如果不能解决问题，那么只能维修或更换电源。

⑥光驱缓存太小。

如果光驱的缓存太小，也会可能出现读盘报错的现象，这种情况会出现在一些老式的光驱上，一般光驱缓存最好是 256KB 以上。

⑦环境温度影响光驱读盘。

部分光驱受温度变化的影响，在温度较低时机械部分会变形，使光驱不能正常读盘。

⑧光驱激光头染上了灰尘。

如果光驱激光头染上了灰尘，光驱在使用中就会出现读盘报错的现象，对光驱激光头进行擦拭或清洗即可。

⑨光盘质量问题。

由于光盘质量差和长时间使用等，使得光驱在读此类光盘时出现出错信息，可以用软布轻擦或清洗光盘，然后再次读取；或在正常关闭计算机后重新启动计算机，再试着读光盘。

（7）鼠标与键盘故障。

1）鼠标光标死锁。

故障现象：一台工控机开机自检后，鼠标光标出现停滞不动的现象。

故障分析处理：鼠标光标死锁是一种常见故障，其原因和处理方法分别如下。

①插头接触不良。

当机器运行正常而鼠标光标死锁时，应关机后拔插鼠标，消除松动及接触不良等现象，然后重新启动计算机。

②模式设置开关有误。

检查鼠标底部有无模式设置开关，若有，则试着改变其设置，然后重新启动计算机。

③存在设置冲突。

检查鼠标是否在终端请求设置发生冲突，在 DOS 提示符下用诊断程序 MSD 检查与哪一个中断地址有冲突。若有设置冲突，应重新设置中断地址。

④驱动程序不兼容。

检查鼠标驱动程序是否与另一设备驱动程序不兼容，若不兼容，应该断开另一个设备的连接，并删除该设备的驱动程序。

⑤鼠标类型不符。

在"控制面板"中选择"系统 / 鼠标属性"，检查驱动程序是否与所安装的鼠标类型相符。

2）开机提示"keyboard error"。

故障现象：一台工控机开机自检时屏幕提示"keyboard error"。

故障分析与处理：键盘自检出错是一种很常见的故障，检查是否接触良好后再重新启动计算机。如果故障仍然存在，可用替换法换用一个正常键盘与主机相连，再开机检查。如果故障消失，则说明键盘自身存在硬件问题，可对其进行检修；如果故障依旧，则说明是主板接口问题，必须检修或更换主板。

（8）电源故障。

1）开机电源产生噪声。

故障现象：工控机在每天第一次启动时总会发出"嗡嗡"的噪声，好像是从电源盒中发出来的，重复几次冷启动之后就变得正常。

故障分析与处理：工控机电源盒中发出"嗡嗡"的声音是电源盒内的散热风扇所致，具体原因可能有以下几种。

①电机轴承中使用了劣质润滑油，在环境温度较低时凝结。风扇是最容易集结灰尘的地

方，进入轴承的灰尘和劣质润滑油凝结在一起，大大增加了电机的转动力矩，使电机的转动不正常，发出振动的"嗡嗡"声。而在多次启动后，因为发热使润滑油溶化，转动力矩减小，又能够正常工作。

②风扇电机轴承松动，使其在旋转时发出"嗡嗡"的声音。这种原因造成的声音，不会因为反复的冷启动而消失。

③电机轴承润滑不好，造成启动时阻力增加，发出声音。对于这种情况，在电机轴承处滴入少量润滑油，增加润滑可以得到改善。当遇到这种情况，需要清洗风扇叶片上和轴承中的积尘即可。

2）电源引起不能自检。

故障现象：工控机不能自检，在 BIOS 中发现 CPU 风扇转数只有 100 转，正常应该是4 000 转左右。

故障分析与处理：测量系统电压，本来为 +5V 的电压 +4V 左右，+12V 电压只有 +10V 左右，+12V 电压也有偏低，问题一定出在电源上。换个好的电源后开机自检，观察 CPU 风扇转速稳定，系统电压恢复正常。

步骤三：软件故障的检测与维护

1. 软件故障

软件故障一般是指由于误操作、使用软件不当、系统参数设置不当、硬件驱动程序安装不正确以及病毒引起操作系统出问题等方面产生的故障。常见的软件故障有以下表现：

（1）由于工业计算机病毒引起的系统软件和应用软件故障。

（2）工业计算机的 BIOS 参数设置不正确或者没有设置，这些也会产生操作故障。

（3）硬件驱动程序安装不正确，导致该硬件无法正确使用。

（4）系统软件和应用软件的不兼容或两者被破坏而引起工业计算机系统不能正常工作和没有反应。

（5）两种或多种软件程序的运行环境、存取区域或工作地址等发生冲突，造成系统工作混乱。

（6）误操作删除了重要的相关程序或运行具有破坏性的程序等造成文件丢失或磁盘格式化操作。

2. 软件故障的诊断及处理

处理软件故障需要先找到故障的原因，这需要观察程序运行时的现象、系统所给出的提示，然后根据故障现象和错误信息来分析并确定故障出现的原因。

（1）BIOS 参数设置故障。

对于 BIOS 参数设置不正确出现的故障，可重新设置 BIOS 参数，重新启动机器即可。

（2）病毒引起故障。

病毒的种类日益增多，破坏性也越来越大，它不但影响操作系统和软件的运行，也会影响显示器、打印机等设备的正常工作，严重的还会损坏主板。如果工业计算机在正常使用中遇到一些莫名其妙的现象，或是内存和硬盘容量急剧减少，这时就应考虑到有可能是感染了病毒。应使用杀毒软件清除病毒，如金山毒霸和瑞星等。

（3）程序故障。

对于应用程序出现的故障，需要检查程序本身是否有错误（这要靠提示信息来判断），程序的安装是否正确，工业计算机的配置是否符合该应用程序要求的运行环境，是否是操作不当引起的故障，工业计算机中是否安装有影响该程序运行的其他软件存在，所有这些都需要细心地检查和排除。

（4）硬件驱动程序故障。

对于硬件驱动程序安装不正确，或硬件设置有冲突，导致硬件无法正常使用，应重新安装硬件驱动程序，或重新进行硬件设置。

（5）操作系统故障。

操作系统故障主要是系统不能启动等，需要使用启动盘启动和重新安装操作系统。此外，如果能使用 Ghost 软件恢复将会更简单方便。

（6）误操作故障。

如果不小心删除了需要的程序或文件，可采用文件复制或文件恢复软件恢复误删除。

3.工业计算机常见软件故障的分析

（1）CMOS 故障。

1）主板电池失效引起 CMOS 设置中硬盘 Type 值错误。

故障现象：启动工业计算机后加电自检失败，硬盘指示灯熄火，"嘟嘟"两声喇叭响，屏幕出现"RAM Battery Low"等出错信息后计算机死机。

故障分析与处理：这是主板上的电池失效，引起 CMOS 参数紊乱而产生的故障。主板电池用来为 CMOS 供电，在 CMOS 中存放了机器时钟、日期，软盘驱动器个数、类型，硬盘个数、类型，显示器方式，内存容量和扩展容量等参数。当开机加电自检时，BIOS 自动检查 CMOS 中的参数，如果不匹配，则自动锁机。纽扣电池的工作电压为 3～6V，如果电池电压不足 3V 或电池失效，则设置的参数消失。关掉电源后，拔掉所有的外部连线，打开主机盖，用万用表测量电池两端电压，发现不足 +3V，更换一新电池即可。

2）忘记 CMOS 中设置的口令。

故障现象：一台工业计算机在 CMOS 中设置了启动口令，可是在启动时忘记了密码，无法进入系统。

故障分析与处理：如果忘记了在 CMOS 中所设置的系统口令，可以采用以下几种方法来解除系统的口令。

①跳线法。

一些新型的主板上，带有 CMOS 的短路跳线，只要按照主板说明书的说明，短接此跳线后，启动计算机并重新设置 CMOS 即可。

②放电法关闭计算机。

如果无主板说明书或主板上无 CMOS 短接跳线开关，可以用一根导线把主板电池短接几分钟，这样 CMOS 中的信息就会自动清除。几小时后，启动计算机并重新设置 CMOS 即可。

③"Debug"命令清除法。

如果计算机只设置了进入 CMOS 的口令，而未设置系统口令，当忘记口令时可用"Debug"命令试着清除进入 CMOS 的口令。其具体方法如下：用软盘或硬盘引导计算机并进入 DOS 系统，在 DOS 提示符下输入"Debug"命令并按【Enter】键；然后依次输入"O 70 10"并按【Enter】键，输入"O 71 FF"并按【Enter】键，输入"Q"并按【Enter】键，重新启动计算机即可设置 CMOS。

（2）操作系统故障。

1）工业计算机无法启动，提示"no system disk or disk error"。

故障现象：一台工业计算机无法启动，提示"no system disk or disk error"。

故障分析与处理：从提示信息中表明引导盘为非系统盘，或者原引导盘的系统文件遭到破坏。首先确保启动时软驱里的软盘为系统盘；其次应注意硬盘的系统文件是否遭到破坏，可用同版本的启动软盘启动；最后用命令"SYS C:"将正确的文件"lo.sys"和"Msdos.sys"传到硬盘上，如果还不行，只能重新安装 Windows 系统。

2）Windows XP 不能自动关机。

故障现象：在安装 Windows XP，当关机出现提示"您可以关机了"后，按关机按钮不起任何作用。

故障分析与处理：如果主板不支持高级电源管理功能就会出现这样的情况，可打开"控制面板"中的"电源"选项，将"APH"项选中后 Windows XP 就会自动进行电源管理。

（3）应用软件故障。

1）软件不能安装。

故障现象：软件不能正常安装。

故障分析与处理：软件不能正确安装的主要原因包括病毒原因、版本原因、硬盘空间原因和内存原因。因此，要分别查找原因来解决。

2）软件不能正常运行。

故障现象：软件能顺利完成安装，但不能正常运行。

故障分析与处理：软件不能正常运行有硬件和软件两个方面的原因。硬件方面原因主要是工业计算机配置不够所致；软件方面的原因主要有版本、内存、病毒、文件属性、存放位置和软件冲突等，要一一分析，才能解决。

【课后任务】

1. 工业计算机常见硬件故障有哪些？

2. 所谓的"直观法"是什么意思？

3. 不同内存混插将会出现什么样的现象，以及如何解决？

任务二　专用工业计算机及外围设备故障诊断与维护

【学习目标】

（1）掌握专用工业计算机及外围设备故障诊断技术。

（2）能根据故障现象进行分析和解决。

（3）能根据专用工业计算机及外围设备的特点提出维护方案。

◆ 工作任务

本任务中，介绍了专用工业计算机及外围设备故障诊断与维护，并就常见故障软件的故障处理做了讲解。要求读者掌握常见软件故障的解决。

◆ 学习步骤

步骤一：维修资料与工具

（1）技术资料。

图纸：①设备电气控制原理图（电路图）；

②主要部件的机械结构原理图；

③液压、气动以及润滑系统图。

手册：① CNC 与驱动器的使用、维修、调试以及编程手册；

②设备（机床）操作手册（包括安装和调整说明等）；

③其他控制装置（如变频器等）的使用说明书。

（2）维修仪器。

常用：数字万用表、存储器卡和示波器。

1）数字万用表——最基本的检测工具。

数字万用表基本要求：

①交流电压：200mV ～ 700V，200mV 挡的分辨率应不低于 $100\mu V$；

②直流电压：200mV ～ 1000V，200mV 挡的分辨率应不低于 $100\mu V$；

③交流电流：$200\mu A$ ～ 20A，$200\mu A$ 挡的分辨率应不低于 $0.1\mu A$；

④直流电流：$20\mu A$ ～ 20A，$20\mu A$ 挡的分辨率应不低于 $0.01\mu A$；

⑤电阻：200Ω ～ $200M\Omega$，200Ω 挡的分辨率应不低于 0.1Ω；

⑥电容：2nF ～ $20\mu F$，2nF 挡的分辨率一般应不低于 1PF；

⑦晶体管（hFE）：0 ～ 1000A；

⑧具有二极管测试与蜂鸣器功能。

2）存储器卡。

机床出厂时的标准 PMC 程序与 CNC 全部参数的备份——用于机床恢复。

3）示波器。

检测编码器脉冲信号的动态波形；检测系统的电源、显示器和驱动器等的电压、电流波形。

要求：频带宽为 10 ～ 100MHz 的双通道示波器。

（3）设备基本状况检查。

1）机械部件检查。

检查机械、液压和气动部件是否已经准备就绪；可动部件的停止位置是否恰当；各种检测开关、传感器的安装与固定是否可靠等。

2）外部条件检查。

检查进线电源电压、频率、接地线是否满足条件；工作环境（温度、湿度等）是否满足

CNC 工作条件；周围是否有强烈振动或强电磁干扰设备等。

3）电器件安装检查。

检查电气柜清洁状况是否良好；风扇、热交换器等的工作是否正常；CNC 模块、驱动器的表面与内部是否有异物；模块、部件的安装是否牢固；操作面板有无破损等。

4）连接检查。

检查连接电缆是否有破损、损伤现象；电缆连接是否正确、可靠；电源是否可靠接地；电缆夹、端子板的安装、接线是否可靠；总线、电缆的连接器插头是否完全插入、拧紧等。

步骤二：FS-0iC 系统的连接检查

（1）CNC 连接检查（见图 5-1 和图 5-2）。

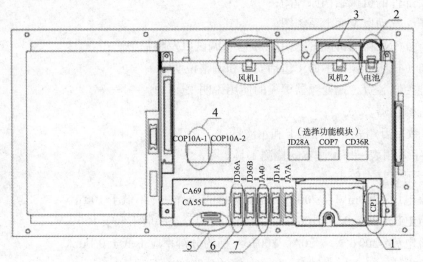

图 5-1 CNC 连线一

重点检查部位：

① CNC 的电源输入必须为 DC 24V，并由稳压电源供给；部分 CNC 的电源输入有两个连接端——应使用有 IN 标记的 CP1A。

②检查电池连接，连接器是否有脱开或松动（出厂时连接）。

③检查风机连接，连接器是否有脱开或松动（出厂时连接）。

④检查 FSSB 总线连接，应使用左侧的 COP10A-1 连接 FSSB 总线。

⑤检查 CNC 与控制板的连接，在 CNC 出厂时已经连接完成，应检查连接器是否有脱开或松动现象。

⑥检查 RS-232C 的连接，CNC 参数设定的是通道 1 有效，接口单元应连接至 JD36A（左侧）。

⑦检查主轴模拟量与编码器的连接：不使用 FANUC 主轴驱动时，模拟量输出与位置编码器均连接到 JA40 上。

注意：模拟量的极性必须正确，JA40 的 7 脚（±10V 输出）与变频器的模拟量输入端连接。

（2）驱动器的连接检查。

①αi系列驱动器。

②βi伺服驱动。

（3）伺服电机的连接检查。

①编码器。

αi伺服电机的绝对编码器为选件，需要专门订货；βi伺服电机的编码器可以直接作为绝对编码器，但需要配套"电池盒"。

②制动器。

伺服电机的制动器电源为DC 24V，对输入电压的要求较低，可以利用AC27V通过单相全波整流后得到。电机侧连接无规律。

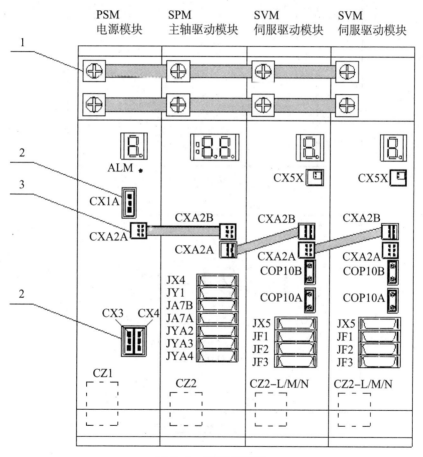

图5-2　CNC连线二

③电枢。

伺服电机的电枢U、V、W必须与驱动器输出的U、V、W一一对应。其中：

矩形：α2is、α4is、α1i、α2i、α2HVis、α4HVis、β2is、β4is；

圆形：α8is～α40is、α4i～α40i、α8HVis～α50HVis、β8is～β22is。

（4）电源接通时的自检查。

电源接通→内部操作系统进行硬件安装检查→模块设定→软件安装。

硬件安装存在问题或硬件存在故障，停止在硬件显示页面。

硬件正常：依次显示模块设定与软件配置页面。模块设定页面如图 5-3 所示。

"END"：代表该槽中的模块安装、设定完成；

无显示：表明模块正在设定与安装中。

完成后：显示软件配置页面，如图 5-4 所示。

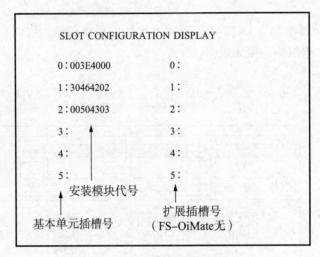

图 5-3　模块设定页面

图 5-4　显示软件配置页面

软件配置页面：

显示 CNC 所配置的主要软件的版本号。

1）正常工作时的检查。

CNC 正常工作时的操作：

按 MDI/LCD 面板上的【SYSTEM】功能键（系统显示）；选择软功能键〖SYSTEM〗（系统配置）。

系统配置页面共有 3 ~ 4 页，通过 MDI 面板上的"选页"键可选择内容。

第 1 页：主板安装检查，显示主板的 ID 号、软件系列（SERIES）与版本（VERSION）。

第 2 页：显示 CNC 的软件配置，如图 5-5 所示。

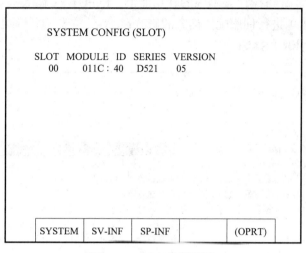

```
SYSTEM CONFIG (SLOT)

SLOT  MODULE ID  SERIES  VERSION
 00    011C：40   D521     05




 SYSTEM   SV-INF   SP-INF          (OPRT)
```

图 5-5　CNC 软件配置

配置包括：

选择功能配置（OPTION–An）；

伺服驱动器配置（SERVO）；

PMC 配置（PMC）等。

2）伺服与主轴配置的检查与重新设定。

①伺服配置的检查。

按 MDI/LCD 面板上的【SYSTEM】功能键；选择软功能键〖 SV-INF 〗；显示伺服配置页面（可用选页键改变）。

显示包括：

伺服电机规格（SERVO MOTOR SPEC）；

伺服电机系列号（SERVO MOTOR S/N）；

编码器规格（PULSE CODER SPEC）；

编码器系列号（PULSE CODER S/N）；

伺服驱动器模块规格（SERVO AMP SPEC）；

伺服驱动器模块系列号（SERVO AMP S/N）；

电源模块规格（PSM SPEC）；

电源模块序列号（PSM S/N）。

显示报警标记"*"：规格、系列与实际安装不符，需要重新配置驱动。

②伺服配置的重新设定。

设定步骤：

a. 选择 MDI 操作方式，取消参数写入保护；

b. 设定机床参数 PRM13112.0（IDW）=“1”；

c. 显示伺服配置页面，用光标移动键选择需要修改的项目，如图 5-6 所示；

d. 选择软功能键〖OPTR〗，显示操作菜单；

e. 利用数字、地址键与操作菜单中的软功能键〖INPUT〗（输入）、〖CANCEL〗（删除）和〖CHANGE〗（修改）进行伺服配置信息的修改；

f. 完成后用软功能键〖SAVE〗（保存）。

SERVO INFORMATION O0000 N00000
X AXIS
SERVO MOTOR SPEC A06B-0268-B100
SERVO MOTOR S/N C00ZB1111
PULSECODER SPEC. A860-2000-T301
PULSECODER S/N 00000001
*SERVO AMP SPEC. A06B-6114-H211
*SERVO AMP S/N V01311111
PSM SPEC. A06B-6087-H126#000001
PSM S/N V01311111
)_
MDI **** *** *** 19:12:26
(SYSTEM)(SV-INF)(SP-INF)( )((OPRT))

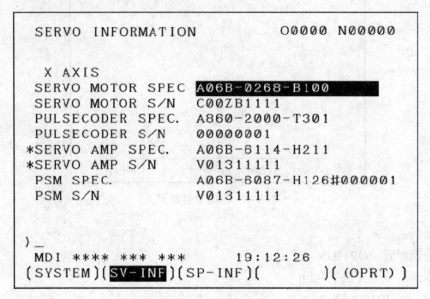

图 5-6 修改的项目

③主轴的配置检查与重新设定。

按 MDI/LCD 面板上的【SYSTEM】功能键；选择软功能键〖SP-INF〗，显示主轴配置页面，如图 5-7 所示。

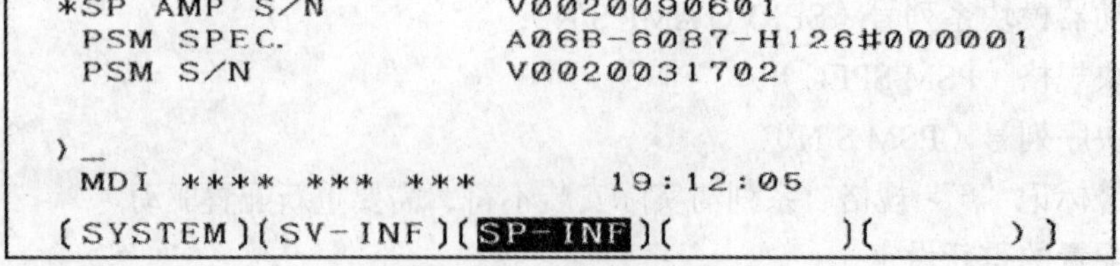

SPINDLE INFORMATION O0000 N00000
S1
SP MOTOR SPEC A06B-0852-B088#0007
SP MOTOR S/N C99XA1234
*SP AMP SPEC A06B-6102-H106#H520CE
*SP AMP S/N V0020090601
PSM SPEC. A06B-6087-H126#000001
PSM S/N V0020031702
)_
MDI **** *** *** 19:12:05
(SYSTEM)(SV-INF)(SP-INF)( )( )

图 5-7 主轴配置页面

显示包括：

主轴电机规格（SP MOTOR SPEC）；

主轴电机系列号（SP MOTOR S/N）；

主轴驱动器模块规格（SP AMP SPEC）；

主轴驱动器模块系列号（SP AMP S/N）；

电源模块规格（PSM SPEC）；

电源模块序列号（PSM S/N）。

显示报警标记"*"：规格、系列与实际安装不符，需要重新配置驱动，配置方法同伺服。

3）软件配置的变更。

当改变 CNC 的软件配置后，出现三种报警提示页面：SRAM 存储区域被改变时的显示；SRAM 容量被改变时的显示；控制软件被改变时的显示。

软件配置变更后的处理方法：

①关闭 CNC 电源；

②同时按住 MDI 面板的功能键【RESET】、【DELETE】并保持；

③接通 CNC 电源，进行 CNC 的存储器格式化。

注意：存储器的格式化处理将清除 CNC 的所有内容（参数和程序等），系统需要从头开始调试，使用时必须慎重。

步骤三：CNC 基本工作状态的显示

CNC 基本工作状态的显示如图 5-8 所示。

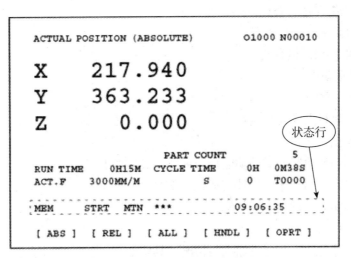

图 5-8　CNC 基本工作状态的显示

（1）FS-0iC 故障诊断的基本方法。

①通过安装在各种模块上的指示灯，检查故障原因。

②通过 CNC 的报警显示，确定故障原因。

③通过 CNC 的诊断数据检查，分析故障原因。

④通过 PMC 程序与 I/O 信号的检查，确定故障原因。

（2）状态行信息。

当 CNC 正常启动时，显示页面的状态行共分 6 个区域，从左到右依次为方式选择、自动运行状态、辅助功能执行状态、急停与复位、报警、时间和程序编辑。

未定义的状态或与当前方式无关的状态：显示"***"或不显示。

1）方式选择。

显示 CNC 当前所选择的操作方式，具体如下：

① MEM：存储器运行方式；

② MDI：MDI 运行方式；

③ EDIT：程序编辑方式；

④ RMT：DNC 运行方式；

⑤ JOG：手动连续进给方式；

⑥ REF：手动回参考点方式；

⑦ INC：增量进给方式；

⑧ HND：手轮进给方式；

⑨ TJOG：JOG 示教方式；

⑩ THND：手轮示教方式。

2）自动运行状态。

显示 CNC 当前所进行的自动运行状态，具体如下：

① START：自动运行中；

② HOLD：进给保持状态；

③ STOP：自动运行停止状态；

④ MSTR：坐标轴回退有效；

⑤ MTN：轴运动中；

⑥ DWL：程序暂停；

⑦ ***：程序执行完成或其他状态。

3）辅助功能执行状态。

显示 CNC 当前所执行的辅助功能指令情况，具体如下：

① FIN：辅助功能执行中，等待完成信号 FIN；

② ***：辅助功能执行完成或其他状态。

4）急停或复位状态。

显示 CNC 的急停输入和复位输入的情况，具体如下：

① ALM：CNC 存在报警；

② BAT：电池电压过低。

5）时间显示。

显示 CNC 时钟（现行的时间：时 / 分 / 秒）。

6）程序编辑状态。

显示 CNC 的程序输入 / 输出与编辑状态，具体如下：

① INPUT：程序输入中；

② OUTPUT：程序输出中；

③ SRCH：程序检索中；

④ EDIT：程序编辑中；

⑤ LSK：数据输入有效；

⑥ AIAPC：前瞻控制程序预处理中。

（3）主板状态指示（见图5-9）。

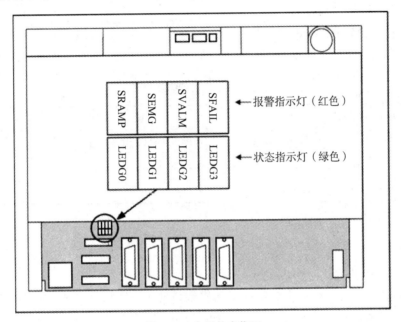

图5-9　主板状态指示

FS-0iC主板上共有8个指示灯，即4个报警指示（红色）；4个工作状态指示灯（绿色）。

报警指示灯亮代表的意义如下：

SFAIL：CNC内部软件故障，引导系统（BOOT）出错；

SVALM：伺服系统报警；

SEMG：CNC内部硬件故障；

SRAMP：RAM校验出错。

主板上4个状态指示灯所代表的意义：

指示灯LEDG 0、LEDG 1、LEDG 2、LEDG 3状态和意义

（■: 亮；□: 暗）

□□□□　　CNC电源未接通

■■■■　　电源接通，执行引导系统（BOOT）操作

□■■■　　CNC启动中

■□■■　　CPU配置（ID设定）中

□□■■　　CPU配置（ID设定）完成，进行CNC网络总线初始化

■■□■　　CNC总线初始化完成

□■□■　　PMC初始化完成

■□□■　CNC 硬件配置完成

□□□■　PMC 用户程序初始化完成

□■■□　伺服与串行主轴初始化

■■■□　伺服与串行主轴初始化完成

■□□□　全部初始化完成，CNC 已经进入正常工作状态

αi 系列电源模块的检查

1. 电源模块的状态指示

电源模块（PSM 或 PSMR）由 2 只状态指示灯、一只 7 段数码管组成。

1）指示灯状态（见表 5-3）。

表 5-3　指示灯状态及意义

PIL	ALM	意　义
○	○	控制电源未输入或模块内部 DC5V 电源故障
●	●	电源正常，但模块存在报警，报警内容见数码管显示
●	○	正常工作状态

注：○：暗；●：亮。

2）数码管状态。

-：电源模块未准备好（MCC OFF）。

驱动器主电源未加入，驱动器 CX4 的紧停信号处于急停状态（触点断开）。

0：电源模块已准备好（MCC ON），电源处于正常工作状态。

1：主回路故障，其原因如下：

IGBT 模块或 IPM 模块损坏；

输入电抗器容量不匹配；

主电源缺相或三相不平衡；

主电源电压过低。

2：驱动器报警提示，驱动器存在报警，但可以工作一定时间。

3：电源模块过热，其原因如下：

风机运转不良或环境温度过高；

模块污染引起散热不良；

电源模块容量过小，长时间过载；

温度传感器不良。

4：直流母线电压过低，其原因如下：

输入电压过低，或存在短时间下降；

主回路缺相或断路器断开。

5：主回路直流母线不能在规定的时间内完成充电，其原因如下：

电源模块容量不足；

直流母线存在局部短路；

充电限流电阻不良；

直流母线电容器不良。

6：输入电源电压过低，其原因如下：

输入电抗器容量不匹配；

主电源缺相；

主电源电压过低。

7：直流母线过电压，其原因如下：

制动能量太大，电源模块容量不足；

输入电源阻抗过高；

再生制动电路故障。

8：直流母线过电压（仅 PSMR），其原因如下：

制动能量太大，制动电阻功率选择不合理或连接不良；

再生制动电路故障。

A：风机故障，其原因如下：

驱动器风机完全停转；

风机电源未连接或连接错误（参见后述的风机更换与检查）。

E：输入电源缺相。

H：制动电阻过热，其原因如下：

制动能量太大；

制动电阻功率选择过小；

制动电阻连接不良；

再生制动电路故障；

温度传感器不良；

制动电阻风机单元故障或散热不良。

2. 电源模块风机的检查

当电源模块出现报警 2、3 或 A 时，应进行风机更换、清洗或维护。

3. 常见故障分析与检查

1）PIL 指示灯不亮。

PIL 为电源模块的控制电源指示，应保持亮。不亮时，可能的原因如下：

电源模块的控制电源（CX1A）未加入；

CX1A 连接错误或插接不良；

模块控制回路熔断器 FU1、FU2 熔断；

DC24V 外部存在短路；

PSM/PSMR 模块控制电路故障。

PSM/PSMR 模块的 FU1、FU2 安装位置如图 5-10 所示，检查方法如下：

将印制电路板从模块框架中拉出；

利用万用表检查 FU1 和 FU2 是否已经断开（R= ∞）；

检查完成后将电路板插入到位。

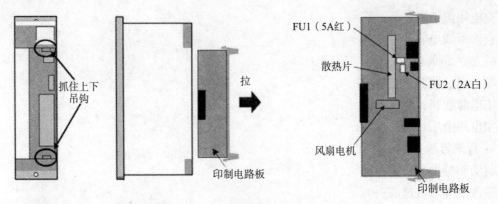

图 5-10　PSM/PSMR 模块的 FU1、FU2 安装位置

2）主接触器 MCC 无法吸合。

电源模块的主接触器无法正常接通时，可能的原因有：

①模块的急停输入 CX4 触点断开，需要外部解除急停；

② CXA2A/CXA2B 连接电缆连接不良；

③ CX3 连接不良或未加入接触器控制电源；

④ SVM 模块内部的继电器不良或触点损坏；

⑤ MCC 的强电控制回路未接通，等等。

αi 系列伺服驱动模块的检查

1. 模块的指示

它由一只状态指示灯（电源）和一只 7 段数码管组成。

数码管显示含义：

–：控制单元未准备好，其原因如下：

驱动器主电源未加入；

驱动器 CX4 的紧停信号处于急停状。

–（闪烁）：驱动器控制电源异常或连接错误，其原因如下：

电机连接错误或连接不良；

SVM 模块不良；

伺服电机损坏。

0：驱动模块准备好，正常工作状态。

1：风机单元报警，其原因如下：

驱动器风机不良；

电源未连接或连接错误；

SVM 模块不良（与电源模块同样更换与检查）。

2：驱动模块 +24V 电压过低报警，其原因如下：

驱动器 CXA2A/CXA2B 电缆连接故障；

电源模块的 DC 24V 回路故障；

SVM 模块不良。

3：直流母线电压过低，其原因如下：

直流母线连接不良；

电源输入电压过低，或者短时间下降；

主回路缺相或断路器断开；

SVM 模块不良或安装不良。

4：驱动模块过热，其原因如下：

风机运转不良或环境温度过高；

模块污染引起散热不良；

驱动模块容量过小，长时间过载；

温度传感器或 SVM 模块不良。

F：风机故障，其原因如下：

驱动器风机完全停转；

风机电源未连接或连接错误（与电源模块的风机更换与检查相同）。

P：驱动模块通信出错，其原因如下：

驱动器 CXA2A/CXA2B 电缆连接故障；

SVM 模块不良。

5：直流母线过电流，其原因如下：

电机电枢存在对地短路或相间短路；

电机电枢连接相序错误；

伺服电机损坏；

SVM 的功率输出模块不良或控制板不良。

b：L 轴电机过电流。

C：M 轴电机过电流。

d：N 轴电机过电流，其原因如下：

电机电枢存在对地短路或相间短路；

电机电枢连接相序错误；

伺服电机损坏；

SVM 的功率输出模块不良或控制板不良；

电机代码设定错误。

6：L 轴的 IPM 模块过热。

7：M 轴的 IPM 模块过热。

A.：N 轴的 IPM 模块过热，其原因如下：

电机电枢存在局部对地短路或相间短路；

电机电枢连接相序错误；

伺服电机过载；

SVM 的功率输出模块不良或控制板不良；

环境温度过高或散热不良；

加减速过于频繁。

U：FSSB 总线通信出错（COP10B），其原因如下：

光缆 COP10B 连接不良；

SVM 模块不良；

上一级从站（CNC）的 FSSB 接口不良。

L：FSSB 总线通信出错（COP10A），其原因如下：

光缆 COP10A 连接不良；

SVM 模块不良；

下一级从站的 FSSB 接口不良。

2. 无任何显示的故障分析与检查

模块在通电后无任何显示，表明内部控制电源故障，可能的原因如下：

控制电源连接总线 CXA2A、CXA2B 连接错误或未连接；

CXA2A、CXA2B 连接线断或插接不良；

SVM 模块控制回路熔断器 FU1 熔断；

SVM 模块控制电路故障。

SVM 模块的 FU1 检查和 PSM/PSMR 模块相同。

α 系列主轴模块的检查与维修

1. SPM 模块的状态显示

它由 3 只指示灯、两只 7 段数码管组成。

PIL（绿色）：电源指示灯；

ALM（红色）：驱动器报警指示灯；

ERR（黄色）：驱动器参数设定错误或操作、控制错误指示灯。

两只 7 段数码管：用于指示报警号、出错代码。

外部电源加入 +5V 电压时正常：PIL 亮；

驱动器或电机报警：ALM 亮，数码管显示报警号；

驱动器参数设定错误或操作错误：ERR 亮，显示出错代码。

PIL、ALM、ERR 全部不亮：驱动器电源还未加入或内部的 +5V、+24V 电源故障。

驱动器正常启动的显示步骤：

电源加入 1S 后：数码管显示软件系列号的后两位，如 9D50——显示 50；

系列号显示后 1S：显示版本号，01 ～ 04 代表 A、B、C、D；

等待 CNC 启动：显示 "——" 并闪烁，表示驱动器等待串行连接与下载参数；

参数装载完成：显示 "——"，表明电机开始励磁；

电机励磁完成：显示 "00"（进入正常工作状态）。

2. 主轴驱动器开机故障

驱动器在接通电源后，所有显示都不亮，表明电源输入故障，原因如下：

控制电源连接总线 CXA2A、CXA2B 连接错误或未连接；

CXA2A、CXA2B 连接线断或插接不良；

SPM 模块控制回路熔断器 FU1 熔断；

SPM 模块控制电路故障。

CNC 启动后显示仍然停留在"——"并闪烁状态，则驱动模块存在错误，可能原因如下：

驱动器设定错误，如设定了两个主轴驱动模块；

CNC 参数设定错误（串行主轴未生效）；

CNC 与驱动模块间的连接电缆接触不良。

3. SPM 模块的报警显示

SPM 模块的报警显示如表 5-4 所示。

表 5-4　SPM 模块的报警显示

数码管显示	含　义	原　因
--	主电机未励磁	主轴驱动器启动条件未满足
00	主电机已励磁	正常工作状态
A、A1、A2	驱动器软件报警	① ROM 安装不良； ② RAM 版本不正确； ③控制板不良； ④驱动器需要初始化
b0	驱动器内部通信故障	① CXA2A/CXA2B 电缆连接不良； ② SVM、PSM 模块故障； ③驱动器控制板不良
C0、C1、C2	驱动器与 CNC 通信故障	①主轴驱动器控制板不良； ② CNC 控制板不良； ③串行总线电缆连接不良； ④电缆连接不良（干扰太大）
C3	Y/△切换状态错误	（特殊电机用）
01	电机过热	①主电机内装式风机不良； ②主电机长时间过载； ③主电机冷却系统污染，影响散热； ④电机绕组局部短路或开路； ⑤温度检测开关不良或连接故障； ⑥检测系统参数设定不正确； ⑦驱动器控制板的温度检测电路故障
02	实际转速与指令不符	①负载过重； ②晶体管模块（IGBT 或 IPM）不良； ③加减速时间设定不正确； ④速度反馈信号不良； ⑤速度检测参数设定不正确； ⑥电机绕组局部短路或开路； ⑦电机电枢线相序不对或连接不良

数码管显示	含 义	原 因
03	直流母线熔断器熔断	① IGBT 或 IPM 模块不良； ②直流母线内部短路； ③电机绕组局部短路或开路； ④ SPM 模块内部熔断器熔断
06	温度测量传感器故障	①温度检测开关不良或连接故障； ②检测系统参数不正确； ③温度检测电路故障
07	电机转速超过最大转速	①参数设定或调整不当； ②驱动器的速度检测电路故障
09	散热器过热	①驱动器风机不良； ②环境温度过高； ③冷却系统污染，影响散热； ④驱动器长时间过载； ⑤温度检测开关不良或连接不良
12	直流母线过电流	①晶体管模块（IGBT 或 IPM）不良； ②电机电枢线输出短路； ③电机绕组局部短路或对地短路； ④驱动器控制板不良； ⑤模块规格设定错误。
15	Y/△切换电路报警	（特殊电机用）
18	串行通信数据出错	驱动器控制板不良。
19	U 相过电流	
20	V 相过电流	①控制板连接不良； ②逆变晶体管模块损坏； ③电机局部短路或对地短路； ④ A/D 转换器不良； ⑤电流检测电路不良。

4. SPM 模块的错误显示

主轴驱动模块的操作、控制或参数设定错误时，错误指示灯 ERR 亮，数码管上显示出错代码 01 ~ 34。

原因：CNC 上的主轴参数设定错误或 PMC 程序出错（设计问题）。

解决：重新装载参数与 PMC 程序。

βi系列驱动器的故障诊断与维修

1. 状态指示灯

POWER（DIL）: 电源指示;

ALM: 驱动器报警指示;

LINK: 总线通信正常指示。

ALM 指示灯亮时，可能的原因如下:

驱动器控制电源异常或连接错误;

驱动器过热;

驱动模块 +24V 电压过低;

直流母线电压过低或过高;

驱动器输出或直流母线过电流;

FSSB 总线通信出错。

状态指示灯如图 5-11 所示。

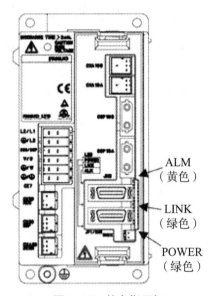

ALM
（黄色）

LINK
（绿色）

POWER
（绿色）

图 5-11 状态指示灯

2. βi系列多轴伺服驱动

STATUS1: 主轴报警与出错显示区，安装有: 报警 ALM 指示灯; 错误 ERR 指示灯; 两个 7 段数码管（报警或错误号）。

报警与错误显示内容与 SPM 模块相同。

STATUS2: 伺服驱动报警显示区，安装有: 一个 7 段数码管。报警显示内容与 SVM 模块相同。

Βi系列多轴伺服驱动如图 5-12 所示。

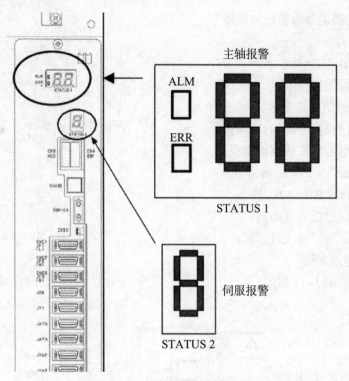

图 5-12   βi 系列多轴伺服驱动

（课后任务）

1. 概述专用工业计算机常见软件故障。

2. 专用工业计算机常见软件故障处理方式有哪些？